玩味上海

THE PLEASURE OF SHANGHAI

林贞标 著

東華大學出版社

前序

如今已是 2019 年春。我突然发现有点儿讨厌自己。因为自己贪吃好玩，所以老没按照对自己的承诺和规划来办事。

本来 2018 年的计划是写一本关于上海吃喝玩乐的书。但中途有变化，兴之所至写成了一本“扯淡”的茶书。本来想争取在春节前把茶书出版，但还是因为吃喝玩乐出版不了，也只能延后出版了。

为什么这么说呢？因为这是心之所向。不管文笔是好还是坏，我一直坚持写东西，对于写东西来说真实感受最重要，由心而发才能有好作品。所以在相继出版了两本关于吃的书之后，我决定再写关于美食方面的书时，一定要写上海。

因为在全国“流窜”觅食交友，综合各个方面来说，我觉得上海是一座很神奇的城市，她有底蕴而不守旧。在历史的各个时期，她都是中国与世

界交往最多的城市，她永远保持着特有的浓油赤酱，自豪而不自傲，包容、客观、礼貌。她有全国顶级的西餐厅，也有最彰显本土文化的草头圈子。

以上种种理由已经足够让我去写上海，但最主要的还是我的个人原因。可能上海这个地方有我太多的情感，或人或物，有我太多想留下来的理由。这个地方有高楼大厦，有东方明珠，有包罗万象的美味等，不只有吃的味道，还有浓浓的人情味道。希望通过这本书为我人生的福地——上海，留下只言片语，也希望通过这本书挖掘一些“养在深闺人未识”的美味或风味。同时，希望这本书可以为外地朋友来上海吃喝玩乐提供一点参考资料，抑或博君一笑。因此，这本书就叫《玩味上海》吧。

今天立春，亦是除夕。趁着这个好日子，就当开笔，此文也当作序吧！

2019 年 2 月 4 日，立春

于汕头亨泽大厦简烹工作室

目录

湖南路
Hunan Rd.
W
西
396
南
兴
S
Xing

路 北
Rd. N

环境优美的兴国宾馆

興國賓館
Radisson
RADISSON BLU PLAZA
XING GUO HOTEL
HOTEL MAIN BUILDING
CONFERENCE CENTRE

缘起兴国宾馆

没有树皮的树，宽窄适中的街道，路两边不高的洋楼，这些通常是在影片或一些文艺图片中才能看到。

对于假装文艺的我来说，这些都是令我向往的。直到有机会、有条件可以任性地四处走走看看时，才知道这种没树皮的树被大家称作法国梧桐，也才知道有法国梧桐的地方才是上海。

2008 年后，我去上海喜欢住的地方是和平饭店，喜欢的理由就是她有老年爵士吧，还有就是在享用早餐时可以坐在窗边吃着各种芝士，看着黄浦江。和平饭店的早餐是国内酒店提供的早餐中我见过的芝士种类最多的，因此，那时候每次住和平饭店就感觉自己很“上海”。

但这种感觉的改变是因为几年前的一次遇见。当时我受温州好友所托，接待上海兴国宾馆总经理黄斌先生及其厨师团队一行来汕头考察、寻找食材，以更好地丰富宾馆的餐饮文化。第一次与黄总见面是在汕头的建业酒家。我与黄总一行共进午餐，在用餐期间，黄总对每一道菜的味道、用料、制作工艺等都是详细询问并记录，而且每一道菜他都是用心品尝，毫不忌口。上完菜，听我介绍了建业酒家的粽子后，黄总一口气吃了三个，说是一定要吃明白其中究竟。这种吃的精神，使我对这家企业的团队不由得肃然起敬。

因为服务行业最难把控的便是饮食，所以对宾馆行业来说，如果能把餐厅经营好，那么其他就不成问题了。自此之后，我常与黄总及其厨师团队互相交流厨艺，大家也因此成了好朋友。其间我与黄总说起去上海喜欢住和平饭店，黄总笑一笑说："标哥，下次到兴国宾馆住吧。让你感受不一样的上海。"

于是，那年秋天当我再次前往上海时就应约入住了兴国宾馆。这一住不打紧，还真的把我对上海的浮躁印象，一下子拉到了雅致贵气的大户人家气息的氛围中。兴国宾馆一切都那么从容自然，闹中取静，周边从华山路、兴国路到湖南路，每一条路都在梧桐树的交叉下投下了文艺的光和影。步道上不经意的落叶，仿佛在提醒你黄昏才是这里最美的时光。你可以放慢脚步去丈量这座神奇的东方之都。

兴国宾馆的客房温馨，极具人性化，虽不奢华，但沉稳大气，细节都很到位。特别是宾馆的贴心服务，让我有种回家的感觉。兴国宾馆的餐饮确实可圈可点。不只在本帮菜上精益求精，还打开了对外学习交流之门，不断引进其他菜系的名菜。这对于我这个吃货来说，至关重要。因此，我现在每次到上海都一定要到兴国宾馆住两三晚，空闲时在周边溜达溜达，或邀上三五个好友到宾馆大堂的茶室喝茶聊天，感受上海好友们浓浓的人情味，这应该也是我玩味上海最好的味道吧。

孙兆国老师早年的干煎刀鱼

关于刀鱼

前面说过我对上海的情结，不只是吃的味道，还有浓浓的人情味道。其中也包括了朦胧的爱情味道。

当年在上海跑业务时，好像有上海女孩子暗恋着我，我好像也明恋过上海的女孩子，但最终成不了上海姑爷。现在想来也很搞笑，这居然跟刀鱼有关。

彼时刀鱼还没今天这么金贵，但是当时我为了跑业务，生活节奏挺快，也没心思细品，每次席上有刀鱼，我都让给别人吃。有一次，我和两位上海美女下馆子，刚好是二月初二龙抬头的日子，刀鱼大量上市，因此点了刀鱼。我忙于谈业务接电话，基本没动筷子，但是俩美女慢条斯理地边吃着刀鱼边嗲嗲地聊着名牌包和羊毛衫，偶尔还用纤纤玉指从嘴里拎出几根细如银丝的刀鱼刺来。这一吃不打紧，一条刀鱼吃了四十分钟。突然我脑海里闪出一个想法，万一和上海女孩谈恋爱接吻时，不小心被刀鱼刺刺到了舌头，那还了得。从那一刻起，我就决定不和上海女孩谈恋爱了，因为我觉得与能这么慢条斯理吃刀鱼的人生活在一起，如果吵起架来，那么肯定能吵个不停。

我也很奇怪，在这座现代化和快节奏的都市里，怎么能够接受这么细致费工的食物？比如刀鱼、大闸蟹等。但是十几年以后，我才发现一切都是我错了。原来刀鱼这么好吃，肉质细嫩、鲜香、回甜。特别是自丰收蟹庄的傅总教我怎样品味刀鱼以后，我就更加明白，要做一个美食家到底有多难。傅总说真正吃刀鱼，吃的是那一口春江水暖，是江乍暖还寒时的水藻清香。因为清明节前，江水里开始有水藻生长，此时的刀鱼就是专门吃水藻的，所以吃刀鱼就要吃这一口味道。到江边，坐一条小船感受江面上迎面而来的丝丝刺骨的凉风，还有淡淡的水藻的清香，这时端上来一条不加过多配料烹饪的刀鱼你就能真正吃明白了。刀鱼虽然多刺，但当你懂得细细品味，慢条斯理挑鱼刺的时候，你才会明白生活的甜美，是从从容开始的。吃刀鱼如此，生活亦是如此，因此能吃刀鱼，能吃大闸蟹的城市才是一座懂得精致生活，懂得从容、包容、彬彬有礼的城市。特别是看到上海今天的房价，我对于自己当时的浅薄，后悔得肠子都青了。我怎么可以因为一条刀鱼就决定不和上海女孩谈恋爱呢！

如今的我，只能偶尔跑到上海外滩的某个角落里，点一个酒精炉子，烤着刀鱼，看着落日的余晖映在江面上银光闪闪的像一条大刀鱼迎面劈来。我闭上眼睛，嘴里嚼着刀鱼，心里默默地喊着，吃刀鱼的女人们，我们恋爱吧！

2018 年春

于外滩，忆当年

回忆早年刀鱼美丽的身姿

阳光暖暖的

梦话上海老味

浓油赤酱销魂物，无福消受是“三高”。

初识上海本帮菜是在 2002 年，那时因业务需要常住在上海，有时朋友或客户也约饭，但彼时因经济条件所限，下馆子基本都是以小馆子居多。刚开始吃到一些上海的家常菜时，还是很有满足感的。但是一小段时间过去，我发觉每次下馆子，总要来上一杯冰镇的啤酒。

究其原因便是上海的家常菜太过油腻、甜腻，那时候肚子还是比较需要这些物质的。但随着生活水平慢慢提高，我便意识到这种本帮菜的做法是时候改革了。

所谓传统不外是人类生存过程中某个节点的习惯与记忆。我们今天的改革只要合理，一百年后也会成为后人的传统，毕竟要长相厮守还是比素雅委婉来得余韵悠长。

因此，在写这本《玩味上海》时，我犹豫再三。既是上海的味道，怎可没有上海菜。但我个人认为，写书需要的是有感而发，真正表述个人观点与见解。不管是对还是错，不人云亦云便可。

关于上海菜，我确实也是一知半解，只能凭着这些年的味觉记忆和所见所闻，胡言乱语一番。因此，有不同见解的前辈和本帮菜的有关老师请多谅解，这只是我一家之言。

这些年我也花了不少精力与心思去探索感受本帮菜的精髓，如果从味道的丰富性与层次来说，本帮菜确实是博大精深——咸、甜、酸、酒糟味、辣胡椒味。大厨们会讲究一道菜里面是先甜后咸，还是先咸后甜再转酸，这叫层次。但很多人忽略了一个问题，这些细微层次的分别只有专业级或者资深吃货才能品出来。普通食客，像我这样水准的，一进口大多不是酱油就是糖浆，大味已盖其真，何能细辨？使得我在游走上海时，每正儿八经吃过一餐本帮菜，我基本会一个月不敢再提起。但太久没吃我又会不禁怀念起这浓腻厚重而又丰富复杂的味道。我想这应该就是“好玩”的味道吧。

幸好上海是个包容之城，我有自己坚不可摧的糖包浆，但又有来自东西南北，漂洋过海而来的西洋风味。可以说上海人是幸福的，百味尝遍又回到自己的蜜罐子。但我怎么就没有这种福分呢？如果我能成为上海女婿该多好。因此为了多探寻这种甜蜜蜜的感觉，本书收录了相对正味的上海菜馆子。

耳光馄饨

顾名思义，就是被打耳光也不肯放手的馄饨。

远近闻名的馄饨店，店铺很小，名气却非常大。

地址：黄家阙路 109 号

电话：15800685638

陈桥老饭店

地道的上海本帮菜，体验一下老上海的味道。

口碑一直很好，菜品稳定。

地址：南六公路陈桥村 16 组陈桥路 1127 号

电话：021-58167561

白玉兰面包房（原白玉兰生煎）

满满的老上海味道，主营美味的糕点和老式点心。

生煎馒头底厚又松脆、肉馅汁水充分，多年来口味稳定。

地址：天钥路 98 号

电话：021-64879145

老吉士

评价颇高的老吉士是本地极具名气的上海菜馆，加上体贴温馨的家庭式服务，让无数慕名而来的大人物都难以忘怀，被亲切地称之为“老吉士”。

地址：天平路 41 号（近淮海中路）

电话：021-62829260

佳家汤包

佳家汤包在上海算是汤包里的知名品牌了，现点现蒸，现蒸现吃，速度难免比别家略慢些。汤包皮薄得近乎透明，而且汤汁丰厚，蟹粉的分量很大。蛋黄鲜肉汤包是其继蟹粉鲜肉汤包的传统口味之后，卖得最好的一款新品。馅料里蛋黄和鲜肉的比例达到一比一，皮还是保留了超薄的特点，蛋黄的模样隔着汤包皮都能看得非常分明。

地址：丽园路 62 号（近南车站路）

电话：021-63087139

上海蟹事

膏黄脂白油横流，渗得米饭断人魂。

一碗秃黄油炒饭，炒出了多少上海人的生活精致。上海人能如此细致地做一只蟹，应该跟上海人的精致细腻密不可分。特别是许多上海男人心细如发，做事也细致入微。这不单是在吃上，在休闲娱乐上也可见一斑。

早年我在上海跑业务，晚来无事，常与有业务往来的经理喝啤酒，但通常他们是以打麻将为主。我早年虽也学过麻将，但终究对打麻将提不起太多的兴趣，因此没有资格上台，只能做旁观者或泡茶。其实我喜欢和上海人交朋友，与看他们打麻将有很大的关系。上海男人打麻将的时候显得很知性，他们打麻将时神情很松弛、很有礼貌，不像有些地方，打麻将时粗口连篇，喊爹骂娘。在上海打麻将不叫“打麻将”，叫“搓麻将”。一个“搓”字显得文雅泰然，慢条斯理，多了搓的意境，意味着一种细磨、细揉、悠哉自然的放松，这一字之差体现了海派文化的大度、包容。他们食指、中指夹摸麻将，眼神暗自较量，输赢礼貌浅笑，有礼有节。

在上海许多事物都被梳理得井然有序，要不您看连一只横行之物也被细分得支离破碎，物尽其用，蟹膏、蟹爪、蟹肉、蟹壳还可以熬蟹油，因此一只蟹的细分也造就了好些以一只蟹打出了一片事业天地的有趣之人，这个容我在以后的文章里慢慢道来。

这一碗是我自己炒的蟹黄油炒饭

蟹爪必须这样吃才绅士

蟹粉小笼包

蟹

大闸蟹我还是喜欢用煮的，不喜欢用蒸的

蟹脚痒处落叶满地黄

国庆节一过，除了汕头还是夏秋难分，其他大多数城市都是落叶纷飞秋已见。这两天接到了两个电话，都是上海的好兄弟邀约我去上海尝蟹，正是秋风起，虾蟹肥的时节。

我从小在汕头海边长大，对于蟹并不陌生，而且我个人对蟹的情结也是较浓的。小时候因下海摸蟹，被大蟹钳夹住大腿内侧，差一点就做了“现代李莲英”，这个事故情节在《玩味潮汕》一书中有细述，在此就不再重复了。因此，对于从小就吃蟹的我来说，吃蟹还是有一定的经验的。但是到了近年，“流窜”的地方多了，才知道自己是夜郎自大，因见识到了对于蟹的文化与精致，在上海实无出其右也。特别是大闸蟹的生长形态就比我们这里的海蟹要温文尔雅得多。长脚金毛宛如上海美女，虽有时也霸气外露，但却不失可爱之容。

海蟹和淡水蟹最大的差别就是味道，海蟹香气霸道而粗犷，淡水蟹香气清纯

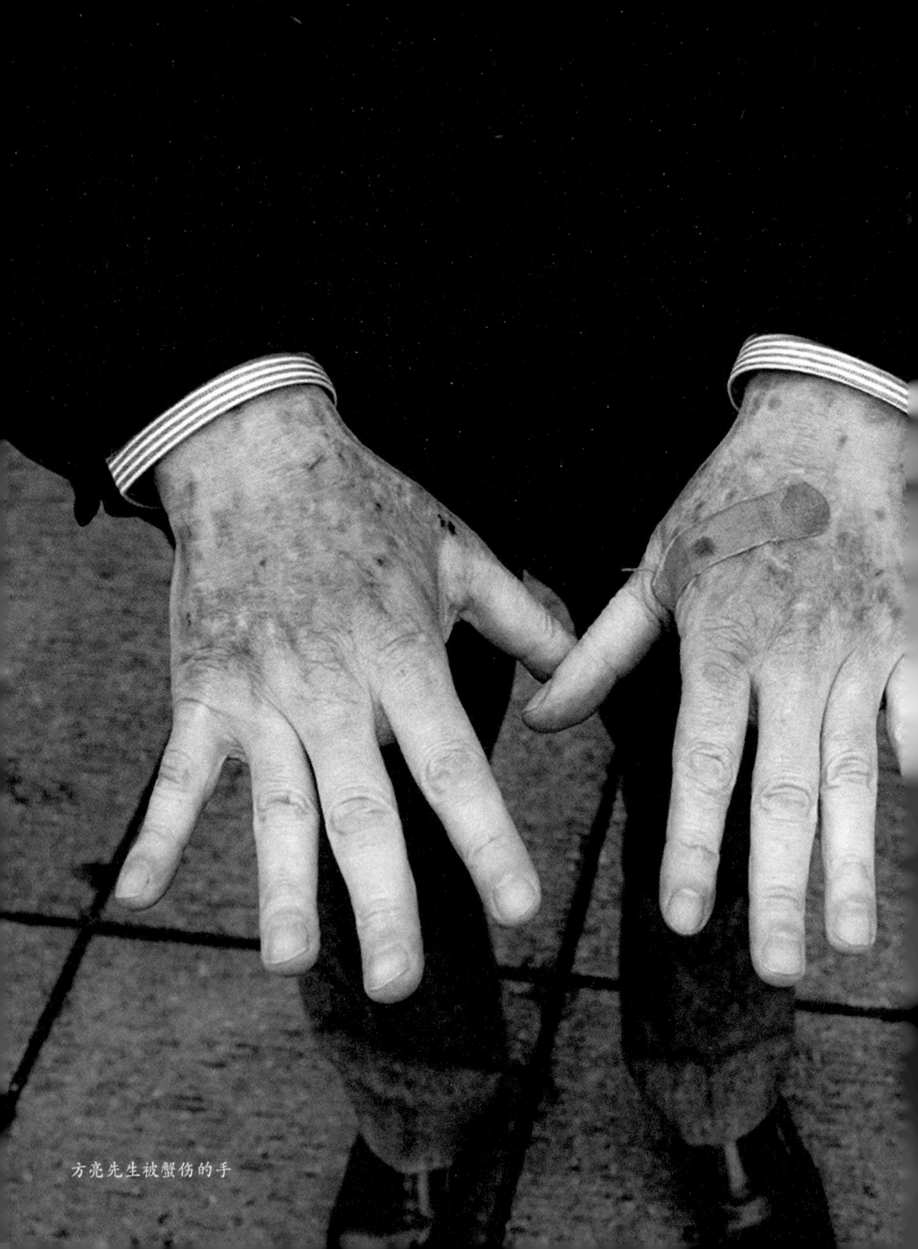

方亮先生被蟹伤的手

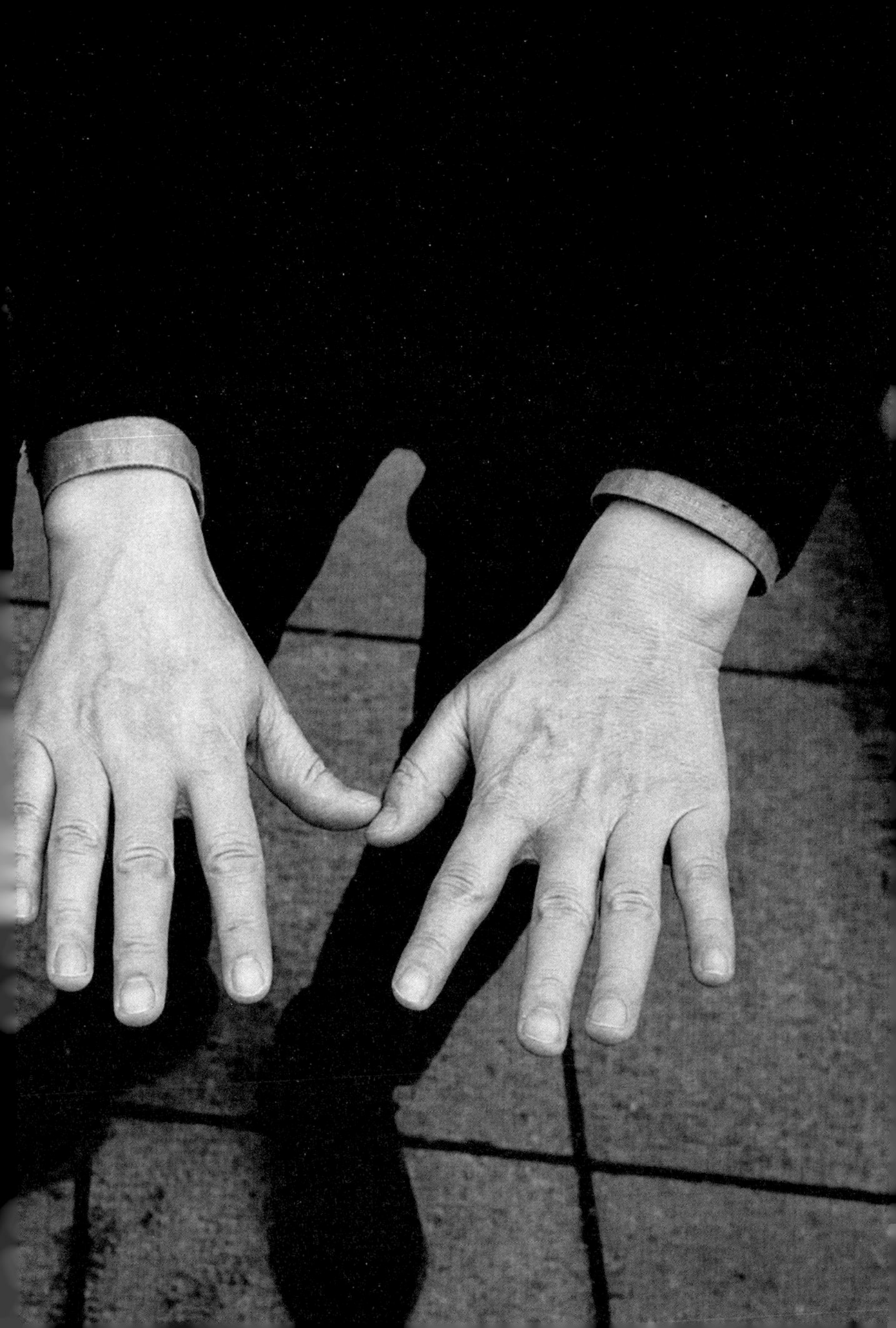

而韵味悠长。因此，在顶级与顶级之间的对比中，大闸蟹还是要略胜一筹。加之上海人的精致与细腻，便产生了繁杂讲究的吃蟹文化，上海的各种蟹制品如蟹黄汤包、秃黄油、蟹粉、蟹面……数不胜数。

在上海把蟹做成产业化和蟹单品店的也非常多，像丰收蟹庄，就是第一个把大闸蟹的销售做成蟹券的。后来成隆行又做了很多蟹的深加工产品，把大闸蟹这个单品做得无比成功。但要说做单品蟹宴做得让我非常震撼的人非方亮先生莫属。方亮先生的蟹宴在上海久负盛名，当你跟方亮先生握手的那一瞬间，你就深深地感受到了一个匠人是怎样几十年如一日地摸蟹、研究蟹。方亮先生把蟹细分做成许许多多的美味佳肴，但也在自己手上留下了累累伤痕。光凭方亮先生的这双手，他就可被称为“蟹先生”。

还有许许多多的大店小店、私人厨房也都各出奇招，比如生醉蟹、熟醉蟹，因此在想吃蟹的日子里，怎可忘却大上海的“横行盛宴”？

很“贵”的蟹王府

第一次吃到由专人剥的蟹还是在成隆行蟹王府。

当时是在 2010 年上海世博会期间，我去了上海。因为那时成隆行蟹王府已经做得很出名了，所以就跟着一个朋友去打卡一下。当时在外滩的那家店门口有一个放蟹的冷藏柜子，里面放着大小不一的蟹。一问接待人员，我们才知道蟹是论只卖，有四两的、五两的、六两的，当时问了一下最贵的一只，好像是六百八十元，有六两多，便宜的有两百多元的。当时我咬咬牙说 :“吃就吃个贵的吧，来一趟也不容易，飞机票也不便宜，再吃个便宜的，那其实亏的还是自己。”因此，我们就要了只大的。落座后服务人员问 :“蟹自己吃呢，还是让专门剥蟹的服务人员来剥？”我一听，花了这么多钱肯定有人服务更好，不管需不需要。其实，要论吃蟹的滋味那还真得自己剥，边剥边吃，从温度到味道其实跟吃骨边肉一样，骨的滋味在于吮吸之间，这种才是真正的体验感。人的感觉其实很奇怪，就像吃蟹，虽然有人剥好肉吃起来方便，但是太过方便的同时似乎又有哪里不对。我

醉蟹

想，很多东西还是要自己动手的，吃蟹少了自己动手剥这个环节其实也少了许多滋味。

因此，凡事总归有两面性，有好的就有坏的。总归在吃蟹这件事上，我在上海成隆行蟹王府享受到了“帝王”般的待遇。

午时吃了个成隆行的大闸蟹，想起当时第一次在上海成隆行蟹王府吃有人剥好的蟹时的情景，所以就记而写着，以作消遣。

2020 年元宵节

于汕头茶痴工作室

蟹家大院（外滩店）

地址：广东路 59 号（近外滩三号）

电话：021-69697777

营业时间：周一至周日 11:00—21:30

蟹榭（静安寺晶品商场店）

地址：愚园路 68 号 4 层 23A、25 室

电话：021-52715879

营业时间：周一至周日 10:00—22:00

蟹黄鱼（新天地店）

地址：太仓路 200 号（近太仓路与马当路交叉路口）

电话：18721496757

营业时间：周一至周四 08:30—翌日 01:30；周五至周日 10:00—翌日 01:30

蟹尊苑（巨鹿店）

地址：巨鹿路 889 弄 21 号

电话：021-54655155

营业时间：周一至周日 11:00—21:30

新光酒家方亮蟹宴（黄浦店）

地址：天津路 512 号（天津路与广西北路交叉路口）

电话：021-63223978

营业时间：周一至周日 11:00—14:00，17:00—20:00

成隆行蟹王府（九江路店）

地址：九江路 216 号（河南中路与九江路交叉路口）

电话：021-63212010

营业时间：周一至周日 11:00—22:00

邓师傅的菜

上海滩厨界里那些有趣的人——沈爷和邓师傅

一座城市的魅力，不仅仅是经济有多发达或现代化程度有多高，更是这座城能留住多少“闲人”，各行各业有趣的人有多少。有句话说得好，“好看的皮囊千篇一律，有趣的灵魂百里挑一”。

某些有意思的，或惊天地泣鬼神的事情，也大多是那些有趣的人做出来的。因要有趣，必须是有情怀。如果一个人没有情怀，那只能是行尸走肉，何来有趣？因此，在写《玩味上海》这本书时，我就决定写些有趣的人。当然因我见识浅薄，认识的人也不多，所以只能写几个我知道的人。

说到有趣不得不提一人，那就是上海饮食界里头等有趣之人——沈宏非，沈爷是也。沈爷的有趣，趣味横生，有趣得内材十足，外材就不多说了。第一有趣之处，沈爷文笔精妙，骨子里头灵气十足，笔下的饮食男女往往离不开床笫之欢。特别是他那本《痴男怨女问沈爷》一书里的那些“段子”，往往让我口喷茶汤。第二有趣之处是沈爷为吃贡献出来的身子。沈爷不只爱

吃美食，还爱做美食，因此他在美食圈的地位那是数一数二的。其实这不奇怪，一个真正能评论美食的人，一定要自己能做，若不会做，说起来只能干巴巴的，说不到要点上。沈爷能写、能吃、能做，这点在众多美食评论家之中是比较少见的。其实也有很多人讨厌沈爷，曾经有不喜欢他的人问过我："标哥，你怎么看沈宏非？我觉得他不怎么样。"我只能笑笑回答："沈爷，我认为他在美食圈是最有才华的人，文笔是最好的，上海滩因为有他，所以有趣了许多。当然他不太低调，不招人忌是庸才。但如果不做一个直白点的人，他的灵魂怎么能有趣起来呢？"

说到有趣的人，我不得不想起另一个人，就是川菜名厨——邓华东师傅。邓师傅原来在上海经营古法川菜，店名叫"邓记川菜"。其实，我与邓师傅认识的时间不长。有一次在另一个有趣的人的会所里见到邓师傅，当晚他准备做一道传统川菜"麻婆豆腐"。我一直站在旁边观摩，邓师傅不好意思地和我说："今晚配料不齐，工具不全，将就了。"我跟邓师傅说："我到现在没吃过我心目中的川菜。"邓师傅一声不吭，一脸严肃，实在无趣。

等到宴席将近尾声，邓师傅突然跟我说："标哥，三个月后，你来上海，我做一桌真正的古法川菜给你吃。"我听了马上说："我打飞的来。"

三个月后，我如约而至。邓师傅已经为这餐饭准备了好些日子，当晚也让我吃到了我想象当中的川菜——不麻不辣。后来邓师傅多喝了几杯茅台酒，话匣子也打开了。原来邓师傅把有趣藏在了灵魂深处，把有趣"憋"在每一道菜里。由此，我在邓师傅的菜里吃到了他的趣味。

前段时间因为租金的原因，他把原来的店关了，后来又和几位好友一起开了家叫"南兴园"的店。不过这家店并不是邓师傅自己要开的，全因好友馋邓师傅的手艺，硬拽着邓师傅重出江湖。

现在南兴园从格调到档次又提高了不少。但是现在做的是一种情怀，情怀有时候和现实是冤家，能不能持续下去就要看主人的态度了。

City
2017
Outstanding Vegetarian
Editor's Pick
Fu He Hui

大众点评
必吃榜
2017 上海
必吃餐厅
福和慧

Best
Chinese Restaurant
Fu He Hui

BEST

携程美食林
Ctrip Gourmet List
2018
福和慧

大众点评
五星商户
2018
福和慧

2019
BEST 100
中国餐厅榜
福和慧

黑珍珠餐厅指南
2019
黑珍珠餐厅指南
2020
上海
福和慧

米其林指南
THE MICHELIN GUIDE
上海 · SHANGHAI

黑珍珠餐厅指南
2018
上海
福和慧
MICHELIN
2020

自豪墙

上海滩厨界里那些有趣的人
——“怪人”卢怿明

“福和慧”我早有耳闻，但这家主厨的一些信息倒是从已故美食媒体人“食小姐”那里听来的。当年“食小姐”在上海时，到福和慧吃过一顿饭，认识了福和慧的主厨卢怿明，后来和我提起他时，她难掩言语间的欣赏与崇拜。

之后，她把写卢怿明的一段食评发给了我。我看了以后觉得能这样描述一位厨师，这姑娘是否触动凡心也未可知，着实是情真意切。但可惜“食小姐”生疾，生命永远定格在了青春年华。于是我决定把这篇文章完整复制在这里，一来我怎么写也写不出这种感觉与评价，二来也想缅怀一下这位美食好友“食小姐”——爽爽。

会做豆浆油条的上海男人

——“食小姐”爽爽

他可以买菜、烧饭、拖地而不觉得自己低下，他可以洗女人的衣服而不觉得自己卑贱，他可以轻声细语地和女人说话而不觉得自己少

了男子气概，他可以让女人逞强而不觉得自己懦弱，他可以欣赏妻子成功而不觉得自己就是失败。

——龙应台《啊！上海男人》

很多人说上海男人是“小男人”，但在我的接触中，却并没有这种感觉。我印象中的上海男人，他们坚韧、和善、低调。正如龙应台在她的《啊！上海男人》中所说，上海男人不需要像黑猩猩一样砰砰捶打自己的胸膛、展露自己的毛发来证明自己男性的价值。

她认为，这才是真正海阔天空的男人。

我认识的上海男人中，就有这样一个。他 16 岁就进入厨房工作，当中吃过的苦、遇到的挫折又岂是三言两语就能概括，听者波涛汹涌，谈者却云淡风轻。他做的菜就如他的人一样，成熟而内敛。

他叫 Tony Lu。

我原本以为，Tony 是十分热爱美食才会把厨师这个职业发挥到极致。可聊天下来我才知道，生活中的他饮食是十分简单的，在家都是吃母亲做的菜，一般都是以青菜等素食为主。而出于对工作的负责，他平时一有空就会去别的城市，甚至出国吃。对我这种贪图享乐的人而言，外出觅食是最开心的，可对于 Tony 来说，出去吃各种餐厅并非为了享受生活，而是为了“看”发展及“找”灵感。

他说：“既然做了，就要认真，并且尽全力做到最好。”

这点我非常欣赏。对某件事情有兴趣把它做成职业，那叫爱好；而把职业当成兴趣那样热爱做到完美，这叫专业。褪去厨师服的 Tony，你很难猜得出这是一位名厨。月初去上海，吃完饭后与他分别，看着他走在街头，在两旁枯枝与昏暗路灯的衬托下，那个时刻我突然觉得，这个上海男人有点儿孤独，思虑过多的脸庞下是否也藏着柔情万分？我不知道。

于是我只能从他的菜去读懂他的人，一切还得从 2014 年说起。当时，我去了上海一家餐厅吃饭，叫“福和慧”，吃了后我想着，大概也只有内心纯净柔软的人，才能做出这样的素食料理。

我很想，认识福和慧的大厨。

生命里隐藏着脉络，脉络浮现了
你才知道，许多以为是偶然的东西
背后隐藏着千丝万缕的因缘

后来我知道了福和慧的大厨叫卢怿明——Tony Lu，上海福系列餐厅行政总厨、上海文华东方酒店顾问主厨、杭州四季酒店顾问主厨、北京四季酒店顾问主厨。

再后来我就认识了他，在我的眼里，他就是专注认真却也可爱不失风趣的“魔厨熊猫”。

不会做菜的熊猫不是好厨师

说 Tony 的厨艺，需要好长的篇幅。所以今天我只挑一道菜说，那就是豆浆油条。之所以选豆浆油条，第一，因为这是上海人的典型食物，早餐档抑或是凌晨消夜摊，豆浆油条总是如影随形。第二，还是说回上海男人，有人说嫁给上海男人很幸福，因为他们疼老婆，而又有人把这个解说成“怕老婆的小男人”。但就我的理解来说，不能一味地归类成“怕”，为何就不能说他们没有大男子主义，对女性更多尊重呢？我不懂上海男人，但我觉得他们就像豆浆油条一样，也许平凡，却点亮了无数个寻常日子。第三，很简单，是因为我爱吃豆浆油条。

Tony 的菜单里有豆浆油条，开始我以为是这样的。

豆腐永远是销魂的味道

美好的东西总是伴着惊喜而来，Tony 把豆浆油条变成了饭后甜品。雪糕是豆浆味，细腻柔和，伴着切片烤干的油条，十分酥脆。

有意思，我喜欢。

傲气的上海里，枯枝依然枯着，上海青依然绿着，一份豆浆油条，到底能读懂上海男人多少？

你眼中的上海男人，又是如何？

以上这篇文章是当年“食小姐”写的。

其实我和卢怿明认识已经很久了。最早一次是在香港，一桌人在吃饭，他就表现出怪的一面，喋喋不休地自说自话，缺少礼节，我没有理他。后来因常跑上海便有了交集。自从吃过他做的素食后，我就明白了他为什么能把菜做好。因为从严格意义上来说他是个有精神洁癖的人。他也像我一样没有老婆，估计女朋友也没怎么正儿八经地交过，应该是把主要精力与思想都放在菜品上了。特别是这几年他更是声名鹊起，“黑珍珠”“米其林”……种种荣誉接踵而来。但他还是能在传统里面“玩”创新，不断地把素食推向另一个高度。因此，这是一个“怪”得有趣的人。

到上海的朋友不妨去试一下“怪人”卢怿明的福和慧。

与师傅的独家素菜。
写这篇文章的时候，已经过去很长一段时间了，很多菜名都忘记了。

上海滩厨界里那些有趣的人——菁禧荟·杜建青

“浓缩的都是精华。”这句话用在上海菁禧荟阿杜身上我觉得最贴切不过了。

杜建青是我的老乡，科班厨师，不太高的个子，永远板着一张好像别人吃饭不给钱的脸，连拍照也永远拍不出一张笑脸。但这都是他欺骗人的外表，其实阿杜内心热情好客、待人真诚直爽。有时我会想他为什么老是板着面孔？想来想去觉得他就是憋着一口气，一心想把菜做好，不然怎么能把潮菜在上海滩做得这么精致，环境、服务、卫生等细节，全部一丝不苟地呈现出来。他不板着脸才怪！

但一个能对细节这么追求的人，肯定有他对生活的情趣和热爱。这点在他宴请宾客时就能看出来。阿杜招待朋友永远是不惜代价，好酒、好菜，同时自己频频举杯。但阿杜酒量有限，经常在宴席的后半场就不胜酒力地眼皮打架了。他有一个绝招，坐在饭桌上把头一低就睡得昏天黑地，偶尔还睁开双眼喊一声“吃啊”，我觉得这时的阿杜才真正露出了有趣和可爱的一面，平时他把气都憋在事业上了。

我经常和朋友说到汕头吃潮菜，那叫风味，但要真正品味精美的潮菜美食，那得在上海，首推当然是菁禧荟。我在这里好像是有点儿吃人的嘴短，净挑些好话说，我跟您说实话，确实是有这个成分在。但我也跟您说实话，能让我吃得嘴短的饭店也真不多，并且人家这个“米其林”和“黑珍珠”可不是随便得来的，要真正感受一下阿杜大厨的有趣，您还得亲自去。关于他的菜有多好吃，他有多少名菜，他有多少荣誉，这些媒体已经写得太多了，我在这里就不多说了……

潮汕名菜， 花胶扒

干鲍焗辽参

菁禧荟
AMAZING CHINESE CUISINE
新潮菜

上海滩厨界里那些有趣的人
——可以靠颜值但却偏偏要技术的朱俊

同朱俊认识应该说时间不是很长，但和他却是神交已久。因为那些年他主理的“苏浙汇”已经在上海乃至全国的美食圈声名鹊起，所以早就神往，又兼双方有许多共同的朋友，所以是一见如故。

那年我和孙兆国老师的扬州之行，孙老师也邀请了朱俊同行，我与朱俊由此初次认识，并一同从上海坐高铁出发。那真是相见恨晚，一路上无话不说，我对他的从业之路充满钦佩，年纪轻轻就获得无数殊荣，随便在网上一搜就能搜出一大长篇的介绍和荣誉。本来我写书一般也不喜欢去提太多头衔，我相信朱俊兄也不喜欢人家提他太多头衔，但我既然认识这样有成就的人了，我也炫耀一下，在百度上搜一个长的头衔，印到书里以凑字数。以下是头衔：

· 上海市烹饪协会理事

· 上海市烹饪专业委员会委员

· 世界烹饪联合会中国菜系国际评委及副主席（WACC）

· 2005 年获得第 15 届“中国厨房艺术节杰出厨师”称号

· 2006 年获得“中国著名厨师”称号

· 2006 年、2007 年两次获得中国黄金厨师奖

· 2011 年荣获“中国烹饪大师”称号

· 荣获美国农贸协会颁发的优秀烹饪师顶级荣誉证书

· 新加坡航空公司国际烹饪顾问团唯一华人顾问

· 苏浙汇澳门店、香港店研发总监，澳门店 2011 年获得“米其林”一星，香港店 2012 年获得“米其林”一星

不过说实在的，与朱俊兄认识，我既满心欢喜，又满怀惆怅。欢喜的是以后在上海我又多了个吃白食的地方，惆怅的是和朱俊兄在一起时感觉自己黯然失色，这个感觉在当天认识时就有了。当天晚上到了扬州，衣着时髦、风度翩翩、光彩照人，懂酒、懂雪茄、懂生活的朱俊一下子就成了席中的焦点。本来不跟朱俊在一起时，我颇有玉树临风的感觉，一跟他在一起我就变盆景了。

近年来，朱俊又开创了另外一家店叫“食庐”，以精致的新淮扬菜为主。朱俊把他的优雅充分地融入了朴素而典雅的美味中。尤其难得的是，他总能推陈出新，每每颇有创举。他于2019年推出了淮扬精髓“三头宴”，何谓“三头宴”？佳宴有三头——烂猪头、鱼头、狮子头，但在朱俊的“新三头宴”里，他用的是烟熏猪头、拆烩大鱼头、黄鱼狮子头。朱俊在这“新三头宴”里依旧呈现了淮扬刀工，烧、焖、炖、火功，又依据现代饮食理念稍加调整，有韵而不失素雅。这就是朱俊追求的方向。

写到这里，一看时间已经十二点半了，肚子咕咕叫了，恨不得立马飞奔到朱俊近年的“老巢”——徐汇区“食庐”（港汇店），让他给我来个“新三头宴”。

虾仔捞面

珠光宝气

烤鸭加点鱼子酱，其实是为了卖个好价钱

烤鸭我还是喜欢裹着面皮吃

鹿园逸事

说到上海不得不提的一家餐厅就是“鹿园”。知道“鹿园”是个意外，因这些年我在上海“骗吃骗喝”，基本上很少有机会自己去外面的酒楼、餐馆吃饭，都是到熟悉的朋友开的酒楼，自己组的局。

话说几年前的一天，我到了上海。美女茶友唐诗威非常热情，一定要请我去吃饭，还跟我说有一家餐厅格调优雅、菜品洁净，说我肯定喜欢，而且还跟我说他家的一道“八宝葫芦鸭”做得出神入化。本来“八宝葫芦鸭”是腻而重之物，但鹿园做得可是看虽浓浆赤酱，但却韵料皆足而不腻，如此一说我岂能不去?

那天订的是中午的饭，去到后各自落座。此时进来一玉树临风的帅哥，一介绍，原来就是鹿园的老板唐志荣。诗威介绍说，她是鹿园的常客，所以也跟老板混熟了，今天特意请老板来安排菜，顺便介绍我们认识。志荣一来便把他家的名菜如数家珍地一一道来，我听得垂涎三尺，边上的美女诗威却听得眼含秋波、目不转睛。我暗自思量，诗威究竟是觉得鹿园的菜好吃，还是为了来看老板帅哥呢？这只能等上菜了才能下结论。思量间，菜依次而上了。那天吃了葫芦鸭和清炖狮子头，我自己还专门点了一只烤鸭，因我认为对于一家有做烤鸭的店，你要想看他们对食物的追求和讲究，烤鸭无疑是个很好的实验品。结果几道菜吃完，我才明白我是以小人之心度“美女”之腹了。诗威欣赏鹿园果真是为美味而来，而不是我想象的“玉树临风君子，美女好逑了”。当天中午，老板志荣也时不时跑来客串聊天，还送了好酒给我，又聊起他自己对每道菜品的理解和精益求精的态度。难怪鹿园自 2015 年开业至今，短短几年便获得无数殊荣，什么“米其林”一星、“黑珍珠”种种的榜单挂满一墙。

后来志荣和我说，此非他一人之力，主要是他有一个好的搭档，就是负责厨房运营的阿保。阿保哥为人低调、实在，专心研究菜品，他原来在南京金陵饭店任职，后来机缘巧合和志荣两人一起创业，一个主内，一个主外，珠联璧合。后来我发现鹿园生意好是因为还有一个无名英雄。

有一次我到上海，志荣兄组了一个局，约我到他浦东新开的鹿园店吃饭，志荣介绍他的厅面经理和我认识，让他敬敬我们，可惜我忘了他的名字。这小哥一听说敬酒，拿起一大杯，一整瓶红酒倒成一杯，端起来说："我先干为敬！"头一仰一滴不漏，我佩服得五体投地，真是强将手下无弱兵呀。

自此，鹿园的点滴逸事和美味总会萦绕在我半梦半醒之间。借此感谢美女茶友诗威，同时也请原谅我"狗嘴里吐不出象牙"，居然说你好色，请见谅。

鹿园的八宝葫芦鸭

淮扬清炖狮子头

TELEPHONE
TELEPHONE
为梦想燃青春
自信

鹿園
MOOSE
RESTAURANT& BAR

“通人”傅骏
——记海派菜研究会会长

本来写《玩味上海》这本书就有点儿勉为其难，因为见识不多，腹中无物，写着写着就不知道再写点什么“骗人”了。本来想写个后记就此作罢，但今天中午炒了个蟹黄油饭，炒到一半，一拍脑袋，我怎么把上海的“通人”，也是我的良师益友傅师傅给忘了呢。

人有时候太熟反而不容易被想起来。傅师傅是傅骏的微信名，他的真名反而很多人不知。与傅师傅认识很多年了，刚开始认识傅师傅时觉得他就是一个生意人，把个丰收蟹庄做得风生水起，做蟹做得非常厉害，而且一看就是典型的上海“老江湖”，因此一开始也就是场面上的应酬而已。但第一次的认识相互应酬得还挺可以的，而且说起来我人生当中抽的第一根雪茄还是傅师傅帮我点的。后来有几年的元宵节，傅师傅都是跑来汕头看民俗风情，因此那几年的元宵节都是和我一起过的。经过几年的相处了解，傅师傅越看越不像个生意人，更像个学者、智者，年龄不大但看起来饱经沧桑。

傅师傅博古通今，历史、人文、美食典故、“敛财”手法样样精通。别人卖蟹只能是区域性地卖，很辛苦地卖，他却是第一个把蟹卖成券的，应该说他是中国整个农产品销售的创新者。但他做蟹之前却是一个广告人，而且在广告影视行业中也有很多创举，但这些都是他的成功足迹，也代表他赚了足够多的资本让他可以做许多自己喜欢的事。

我和傅师傅在一起聊得最多的还是吃的话题。比如，有一次我和他聊到上海哪里的菜好吃，他笑笑，不紧不慢地问我：“标哥，你知不知道刀鱼在什么地方吃最好？”我说：“在江阴呀。”他说：“不全对，吃刀鱼应该坐一条小船在‘春江水暖鸭先知’的江面感受着那一阵阵乍暖还寒的料峭春风，带着一丝丝江水海藻初生的清香，此时此刻在船上吃一条现蒸的刀鱼，你才明白刀鱼之韵。”我一听佩服得五体投地，妙也！

我每到上海一定约上傅师傅喝一泡我自己泡的老八仙，然后我再东南西北地找话题问傅师傅，什么生煎包啦，什么葱油面啦，傅师傅那是问无不知，知无不答，我很多的点滴知识也如此丰富了起来。

前两年，傅师傅突然发起成立了一个海派菜研究会，我有幸蹭过一两餐会餐，因此我才明白傅师傅的海派菜研究会，既有他不断地梳理挖掘上海本邦菜味道记忆的愿望，也有海纳百川、博众家所长之意义。最重要的是，傅师傅聚集了很多喜欢吃、有共同爱好的社会精英在一起玩儿，因为他已经活得通透、明白了，所以在他身上看不到悲观情绪，他只挑好玩儿的事情做，顺便在玩儿的过程中把财也敛了。

北
常熟路
Changshu Rd.
宝庆路
Baoqing Rd.
258
复兴西路
317

上海饮食文化的记录者
——沈嘉禄

写《玩味上海》这本书接近尾声了，但总归觉得少了点什么。这几天烈日高温，头昏脑涨的也没有思路。恰好今日下午收到了东莞嫣然老师寄来的荔枝，冰镇后开吃，冰凉爽甜，一下子来了灵感。

原来隐隐感到不安的是怕读者把我这本书当成聊上海菜的书。其实我必须在此说明一下，这本书只是代表我个人对于上海的吃喝玩乐记忆和笔记，非专业之语，也是随心抒发个人情感的记录。如果有读者想真正了解上海菜的前世今生和一些典故，在此重点推荐沈嘉禄老师所写的书。沈嘉禄老师的书是我读过的关于上海菜的著作里面写得最全、最详尽的书。而且沈嘉禄老师的文笔非常好，不浮夸、不卖弄，既在平常当中见真章，又不失风趣。每一种味道，每一道菜都写得很明白。而且沈嘉禄老师笔耕不辍，几十年如一日地专心写作，把上海的饮食文化用生动、真实体验的态度记录下来。因此，想了解上海菜的文化就看沈嘉禄老师的书。

比如，在沈嘉禄老师那本《上海老味道》的书里，你就可以看到那些吃得着或者吃不着的上海老味道。而且沈嘉禄老师在书中借着聊菜的过程一并把上海的人情味道也呈现出来了。在他那本《吃剩有语》的书里面，更是把上海周边的吃喝文化挖掘得淋漓尽致。

沈嘉禄老师不只写上海的吃喝，在他那本《上海人活法》里面，更是把老上海最人间烟火的一面活生生地展现了出来。因此，要真正了解上海的文化就看沈嘉禄老师的书。我这本书就当博君一笑，因我没什么文化，“狗嘴吐不出象牙”，再说哪怕真有象牙可吐也不敢呀，因象牙是违禁品呀!

沈嘉禄老师的部分著作

吃剩有语

沈嘉禄

版 社

韭黄鱼丝面

周舍，“老法师”的新戏法

人有时太过武断会失去很多东西。在本帮菜的人物里，周元昌大师当然是如雷贯耳，但写《玩味上海》一书时都没想过写他。原因有两个：一是对于周大师，有太多人写好话，都被写完了；二是我自己的惯性思维，说实在的,真正传统的本帮菜,我实在不敢恭维,特别是听到这些“老法师”做的传统菜，我更是“退避三舍”。

因此，这些年虽和周大师也有数面之缘，但终究提不起去“拜山头”的欲望，这个是我个人的见识问题，因我这些年在国内的吃喝圈子混，各路菜式也吃过不少，但许多“老法师”做的菜真的是“杀人不见血”。为什么呢?“与时俱进”，当时说这句话的人真的牛，因我经常说一句话，“吃喝没传统”，吃吃喝喝都是人类在某种特定的环境条件下，形成了某种习惯和认知，这就是阶段性的传统。

三十年以前，在潮汕地区，大家对一个好厨师的评判标准就是炒菜敢不敢多放油，放油多的就是好厨师。随着人们生活的水平提高了，人们的肚子对油和脂肪的渴望就不高了，所以这时的烹饪手法变革已经是大势所趋。什么才是好？人吃起来舒服，身体接受，那就是好。当然我说的这些并不是把传统说得一无是处。我们怎么去好好理解传统呢？传统就是把上一代人积累的经验传给下一代人，没有对错之分，它是人类延续的正常规律。但人的进步是学于先变于后，不变那就是墨守成规，与时代脱节，不学而胡乱创新，那就会变成空中楼阁。

所以这些年真正能从老传统里走出来的大师还真不多见。这也是我一直不愿意去尝试的原因之一。但是这个想法在我写《玩味上海》这本书的最后一刻，被打破了。这次上海之行的最后一餐晚饭，是由我的好大哥、东湖集团的施一斌安排的。他跟我说了一句话："阿标，你写《玩味上海》，周大师的菜你是一定要吃一次的呀，和你想象的'老法师'是两个概念。"于是我们当晚就去到了位于浦东的"周舍"，这家店是周元昌大师新开的店，做的都是一些创新的、符合现代味蕾和现代理念的菜品。刚上了两三道菜，我就为我过去的武断感到愧疚，我怎么能用我们“潮汕乡下”的眼光来看待大都市的人文和高度呢？

我知道以我的认知水平是没办法去评点周大师的菜品的，我只能简单地说，好吃，味型非常准。今后到上海我又多了一个想去吃的地方了。

借此文向“老法师”变新法的周元昌大师致敬，也一并感谢施一斌、黄斌、孙建民三位哥哥的特意安排，让我增长了见识。

炝白虾

孙兆国老师为我做的超级海鲜面疙瘩

一张能够载入史册的菜单

2018 年，有一件事对于上海乃至全国的餐饮业来说，绝对是一件大事。这件大事的主人公就是在厨师界里把厨艺演化成魔术的孙兆国。

2018 年 9 月，一夜之间，整个餐饮圈被一张四十万元的菜单引爆了，我算是这个事件的参与者，也是整个事件的亲历者。因此，在《玩味上海》这本书里，我觉得这是一个值得纪念，也值得去玩味的事件。

人类最最好玩儿的应该就是吃。没有吃的会死人，吃太多会死人，吃得不对会死人；有人靠吃升官发财，有人因吃致贫，有人吃出长命百岁，有人吃出一身毛病。上至国家，下至平民百姓，吃是头等大事。中国占据世界上五分之一左右的人口，吃得饱是基本国策，吃得好、吃得美是中国梦的一部分。这些年得益于国家上层领导的正确决策和科学发展观，从国力到普通民众的生活水平，都得到了极大提高，因此从吃得饱到吃得好、吃得美，我认为这是中国梦的第一步。

古法刀鱼饭

中国一直以来，有句俗话叫“民以食为天”。吃是头等大事，从古至今多少历史大事件都是吃出来的。“青梅煮酒论英雄”，曹操看走眼，弄出个三国鼎立；“鸿门宴”的刀光剑影；宋太祖的“杯酒释兵权”，种种都是以宴为名。

吃得好，吃得讲究是人类本源的天性。“食不厌精，脍不厌细”，所以天性所在也就造就了从古至今的无数名厨佳话。“治大国如烹小鲜。”这句话应该就是对于厨艺评价最高的一个比喻了。历史上的第一名厨伊尹，由厨入相，把烹饪之理念应用到建国、治国之方略。当年商汤与伊尹一番对话，伊尹表示做菜不能太咸，也不能太淡，只有把佐料放得恰到好处，菜吃起来才有味道；治理国家亦然，既不能操之过急，又不能松弛懈怠，只有恰到好处才能把事情办好。商汤听后大受启发，便拜伊尹为相了。这更难用某一种价值去衡量一个厨师的应有价值了。因此啰啰唆唆地说了许多无关紧要的话，只是想更好地去描述这张菜单所引发的不同价值观思考，在此言归正传，让我来还原当时事件的始末。

当时，有一朋友打电话给我，问我在上海如果要找一个真正能代表中国菜，又有档次的酒楼招待客人，有何好介绍。我问了朋友的客人是什么人，他跟我说是一位外宾，应该是一位非常有身份的阿拉伯人。他到上海想找一处真正代表中国厨艺的地方，他做东要请几位生意上的合作伙伴。我一听是这种情况，马上想到了上海西郊 5 号的孙兆国老师。我认为只有他才能满足这位阿拉伯的吃货。据说，这个人对于吃喝也是不惜代价，特地指定孙兆国老师必须亲自操刀下厨，需要多少费用都无所谓。当天晚上，孙兆国老师倾力演绎每个菜品，从物料的选择、呈现方式到烹饪技法，味型的峰回路转，充分体现了中华饮食文化的源远流长。当晚吃得阿拉伯客人大赞中国味道之神妙。

本来这是一餐很正常也很愉悦的晚宴，谁知道当晚席间有一年轻客人无意中拍了一下账单，发了个朋友圈，本意是惊叹一声。谁知道第二天却掀起了滔天大浪，这件事在网上成为餐饮界的一件大事。这件事情引起了广大网友的热议，它更多的是代表了两个不同价值观的群体的观念。有许多民众觉得一餐饭吃了四十万元，这是不可思议的，但在我看来那是价值习惯的认知问题。一块手表它也只是看时间用的，凭啥它就值上百万甚至上千万？书法家用一张白纸、几滴墨水，画了几个线条，凭啥它就能拍卖个十万、上百万？一个厨师做到极致，他也是艺术家，据我对孙兆国老师的了解，他从年轻时开始学厨，学贯中西，从最传统的菜到京鲁粤菜，他都孜孜以求，碰到不懂的领域他也不耻下问。有一次，他和我去潮府馆吃饭，刘松彬亲自煮了锅白粥，他连吃五碗，然后说要跟松彬学煮粥，而且之后还亲自跑到厨房一招一式地学，这让我对孙兆国肃然起敬。一个永远在学习道路上的人才能成为大家。他对食材的追求和认知是我见过的厨师里面最“变态”的。他曾到世界上二十多个国家寻味采风，例如到俄罗斯打猎，到日本下海捉鲍鱼、捞海参。他去高山挖菌类，下乡找风味，不惜时间成本，不惜金钱付出，终凭自己的努力在厨师界打出了一片天地，让喜爱美好生活的人们感受到了舌尖上的幸福，也创造了许多社会价值，解决了一些人的就业问题，这样的厨师难道就不能被称为一个艺术家吗？

有人曾说过，厨艺是所有艺术体系中最高的领域，因为书画美术家用的是色彩与线条来满足人的视觉，音乐家用的是音符声音来满足人的听觉，只有烹饪的艺术是满足人的色、香、味三者，为视、嗅、触感为一体的艺术体现。这样的厨艺体现，他的作品就不是艺术品吗？

因此，一餐饭价值多少，有时和材料并不是一定要呈正比关系，这只是价值的认知不同而已。幸好这个世界和当今的执政体系都是客观与开明的，经过一些日子的争议与声音之后，大众还是理解与认同了一个在炉火与汗水淋漓下的大厨工匠，也理当有他的价值体现。当时事件的尾声恰逢国庆盛会，孙兆国有幸获邀参加国庆盛宴，这也是对这个一直生活、工作在最底层的厨师工作者的一种认同与鼓励，也体现了大众对于美好生活升级与追求个性化需求的愿望。孙兆国老师因为这张菜单，经历了外人无法理解的煎熬与心路历程，但只要活得阳光，坦坦荡荡做人，一切都会向美好的方向发展的。

这张菜单不仅让世人知道孙兆国，也给整个餐饮业带来了非常大的影响。从大众层面到政策层面去重新认可美味的价值，只为了填饱肚子已经不适用于中国梦的方向。因此，我认为这张菜单终将被载入中国餐饮界的史册，孙兆国将是厨艺界不可复制的魔术师，这张菜单也将伴随着消费升级的脚步，永远飘扬在大上海的觥筹交错中，成为永远的佳话。

当然，以上这些话仅仅代表我个人的观点，闲聊而已。

干煎白蘑菇

一块可以吸的熏鱼

妙龄丝瓜

葱香鱼腩

吃遍上海的春夏秋冬之
螺蛳

有时聊一个地方的吃，最重要的、最需要从基础了解的就是最家常的时鲜。

旧时因交通信息的局限，形成了“一城一味”，一个区域有一个区域的物产，因此也就形成了地方风味。当然，现在交通信息发达，物产丰富，季节的因素影响渐少，但作为一个爱吃的人来说，趁时而吃还是很重要的。

比如，上海的各个季节吃什么就很明显，所以要吃透一座城是有必要从春季吃到冬季的。早春乍暖还寒时，就是很多来自江河湖泊的淡水物最好吃的季节。其中有两种最具代表性的物产，一个是螺蛳，一个是刀鱼，它们代表了餐桌上的一低一高。

螺蛳最亲民，刀鱼近年来成了高高在上的餐桌标杆。但这两种风马牛不相及之物，在我眼里却分不出高低，各有千秋，而且在品味的同时都有惊人的一致性。我原来想不明白一个问题，为什么江浙一带很多湖泊江河的物产，都把清明前视为是一个绝佳的品吃节点。

直到前年和丰收蟹庄的傅总在一起吃刀鱼时，傅总的一番话，才让我茅塞顿开。也就是我在前文中提到过的傅总对在什么地方吃刀鱼是最好的的独到见解。其实这和我上高山寻茶是一样的。很多人问我怎么描述这茶的味道，我对他们说，有机会我带你们去高山的云雾里吸一口气，你们就明白了。此理相同，从这一刻起，我也明白了怎么品江河之鲜。

其实，清明节前的螺蛳也带着河水里面的春天气息，因为江河水刚刚回暖，此时水里的水藻类初生，但水还是冰冷的，所以这时的江河水气息有着春天来临时藻类复苏的清香，又带着乍暖还寒的冰爽韵味。这时，江河里的各种小动物就吃着刚刚生成的各种水藻，身体里也带着特有的春天味道。等到清明节一过，气温开始升高，各种藻类疯长，江河水也变浊，味道也杂了，腥臭之气也随之而来，所以就不是最佳的品吃节点了。

难怪上海人把螺蛳放在了清明节前的一个重要的解馋位置。但我觉得现今很多人写要在清明节前吃螺蛳的各大理由时，都写不到重点，很多人会说清明节前螺蛳没带崽儿，也有人说清明节前螺蛳肥美，其实我觉得最重要的是螺蛳不要过度烹饪，当你一口吸出螺蛳那肥美的肉时，那随之而来的藻类清香，充斥着你的味蕾，我相信你会想到你的初恋。

吃遍上海的春夏秋冬之
六月鳝鱼赛人参

其实，我对于上海的饮食，第一个建立感情基础的应该是鳝鱼菜。因为鳝鱼是我的至爱。

因我从小生活在农村，那时可果腹的食物不多，田里的鳝鱼倒是肥美，但是我们潮汕的乡下迷信思想严重，人们讲究不能吃鳝鱼、甲鱼这些东西，说吃后会带来不好的命运。但在我觉得饿肚子的那个时候，已然没什么命运可谈了。我每天捉鳝鱼、甲鱼这类食材回来变着法子吃，也因为喜欢吃这些村里人认为不吉祥的东西，村里人一直把我当成异类。我对鳝鱼情有独钟，我曾经有三年时间没有一天不吃鳝鱼，而且怎么吃都不腻，后来还练就了活剥鳝鱼的好手艺。真正让我知道鳝鱼能做成这么多花样的还是在上海。

第一次在上海跑业务，是在 2002 年的时候。那时候还没在吃货圈混，因为业务关系也常下馆子，我是逢有鳝鱼的菜必点，什么鳝段烧肉、响油鳝糊、虾爆鳝、水面筋笃鳝等，最常见的还有家常炖黄鳝。特别是在夏天，那简直是“无鳝不欢”。不过，虽然做法是多了，味道也丰富了，但感觉不管怎样吃都找不到原来自己料理鳝鱼的味道了。后来，因为工作的关系在上海开办了办事处，自己烧饭。去菜市场我才弄明白：上海一带的鳝鱼菜，大多采用烫杀划丝，而且是市场上统一烫杀好送货的，难怪怎么吃都找不到感觉。

后来对饮食更加关注和深入了解我才明白，其实上海的很多菜是集大成者。比如鳝鱼菜，那都是由周边传入，像最有名的响油鳝糊，据说来自苏州。还有无锡的梁溪脆鳝、吴江的炖鳝。然而真正用鳝鱼做菜的集大成者非淮安不可，光一道软兜鳝鱼，已经名扬天下，此外还有一道霸气的菜叫红烧马鞍桥。但不管是江浙菜还是杭帮菜，或是徽菜底子，这些在上海通通都能吃到。

但从自己开伙以后，我吃鳝鱼菜一定要到菜市场买现场活杀的，或买回活的鳝鱼亲自处理。因为对于鳝鱼的理解，我认为烫杀备用，那只是商业推动的需要，烫杀完的鳝丝拿回家已鲜味尽失，纤维尽改，鳝鱼的脆感已难炒出，特别是那些烫杀完拿回来放冰箱里备用的鳝鱼，简直只能用可怕形容。但有时商业上妥协也是没办法的，所以我只要是在上海，出去吃饭的时候，点一道鳝鱼菜还是必备的，特别是夏天的日子里，大家会异口同声地说一句："六月黄鳝赛人参，多吃！"

这是我炒的黄鳝

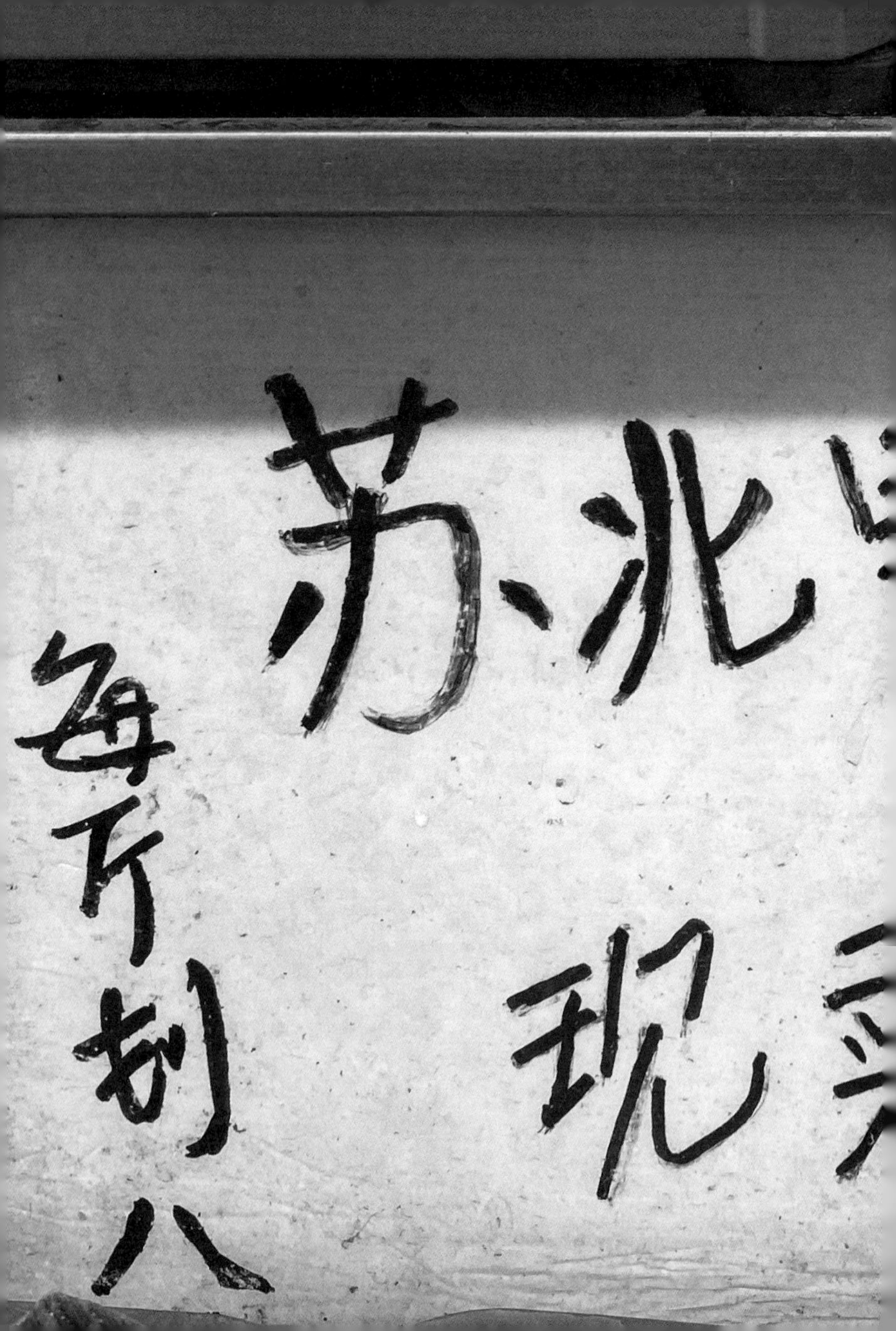

苏
现
每斤制八

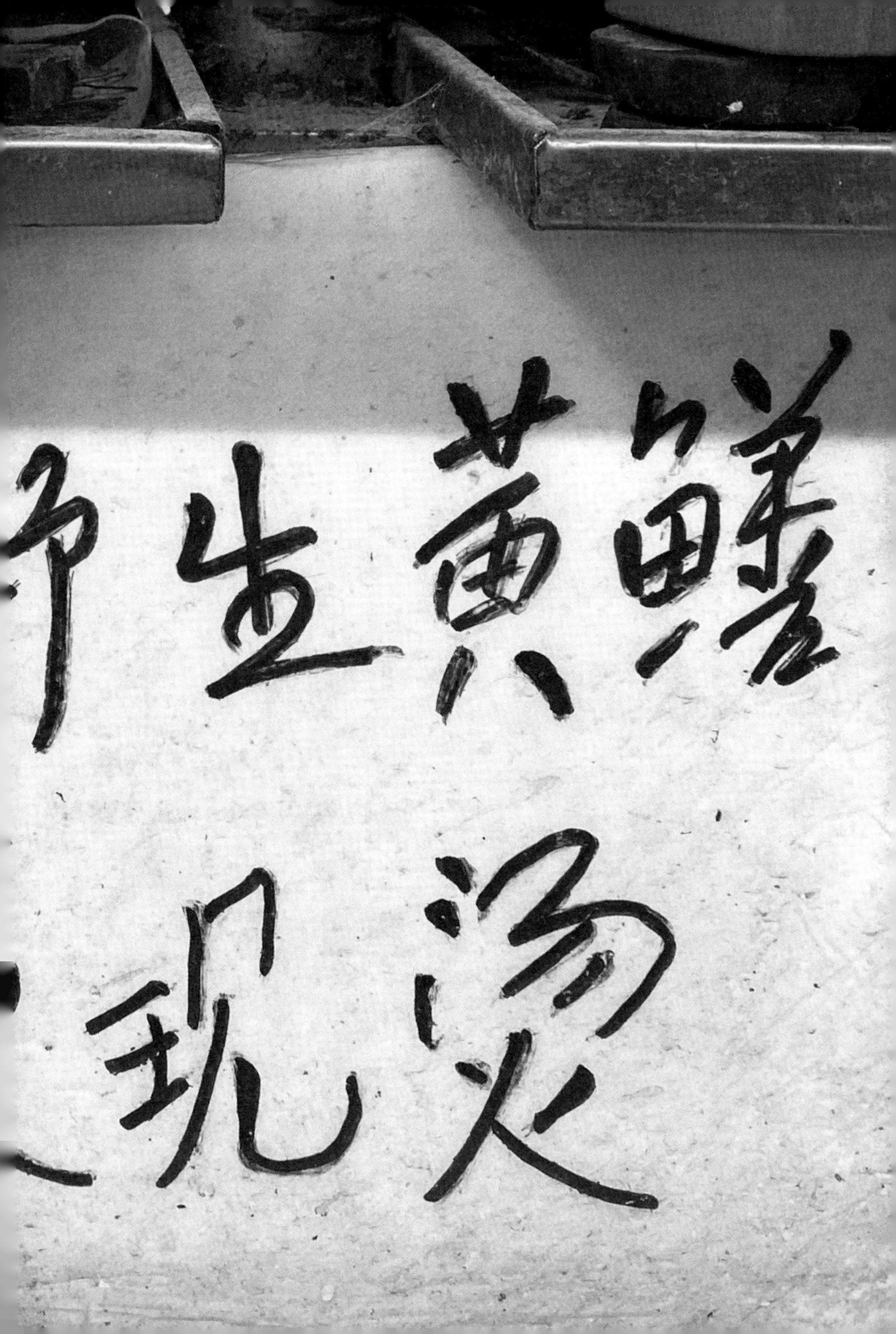
生黄鳝
现汤

竹

吃遍上海的春夏秋冬之草本精华

前面聊到春天来临时，上海人有大吃螺蛳的习惯。这个时期，餐桌上必不可少的还有来自大地的馈赠,俗称“三头菜”的马兰头、枸杞头、香椿头。

不过让我百吃不厌又觉得最能代表春天气息的还是春笋。春天的笋不管是哪个品种，我觉得都能带来那种春天万物复苏，满身带着能量，破土而出的野性和自然。

在上海许多春笋菜中，有一道不得不提的菜就是腌笃鲜。我吃过许多人做的腌笃鲜，也请教过许多前辈老师腌笃鲜的做法和对于它的理解，其实没有一个统一的标准，各说各话，这也应了我自己的那套谬论：吃喝这件事本来就没有传统不传统，正宗不正宗。所以呢，我就来聊一聊，这些年我对上海腌笃鲜的所见所闻和自己的胡思乱想，当是和春天的笋应个约吧。

上海腌笃鲜的大多数做法是以咸肉、鲜五花肉为主要原料，也有放鸡肉、鸭肉等其他的肉，或者放豆制品等，还要放姜、葱等配料。但从我个人的感觉来说，总是觉得这样的做法，很难真正做出笋的鲜味。

后来在与一前辈探讨时，他说了在民国时期腌笃鲜的做法，那又是另一种情境。就是用鲜肉，少许咸肉、鸭肉，加少许火腿，先把汤吊好，滤出汤来放在吃火锅的转炉里，挑新鲜出土的笋，切薄片或块直接下锅煮，闻着笋慢慢变熟的春天气息。如果笋的品质差一些，那就先“飞”一下水，再投入汤中，这样才能充分感受笋的清甜。当然这种说法，我也不知道对还是错，但起码是我比较喜欢的一种吃法，也比较符合我对笋的理解。

当然一个地方形成某种吃的习惯自有它的道理和规律，这个可就不是我研究的范畴了。我聊到的是当下的味道和个人感受,但不管笋的哪种做法，总归在上海的春天里，我是“无笋不欢。”

热吃的笋

吃遍上海的春夏秋冬之
菜花甲鱼

在春天里，到上海或江南一带有一物不得不提，就是甲鱼。正是菜花满地黄，甲鱼将可烹。

旧时的上海其实食材物料不如今时丰富，靠水吃水。江南多江河湖泊，因此也就有了甲鱼。甲鱼也叫水鱼，多肉肥美，既有河鲜之美，又有陆地动物性的肉质纤维，裙边满满的胶原蛋白。我吃过很多种做法的甲鱼，觉得最毁甲鱼本质的便是红烧。江南一带甲鱼的做法五花八门，红烧是比较普遍的做法，还有一些做法确实是我难以想象的味道。在《中国名菜集锦》中有一道“冰糖甲鱼”，是老正兴馆做的，看图片上一整只甲鱼完好无损地趴着，边上还围放着许多冰糖，这应该是一个怎样的味觉冲击呢？看过做甲鱼菜最搞笑的，是当年看赵本山演的一个小品，小品名字我忘了。在小品中的宴席上有一道红烧甲鱼，甲鱼周围还放着一圈甲鱼肚子里的蛋，我们俗称“肚内蛋”。范伟扮演的胡秘书为了让领导吃得方便又开心，想出了用线把蛋串起来的主意，吃的时候用手扯上一串，好玩又有新意。小品中赵本山扮演的牛大叔，最后来了一句：“我回去有个解释啊，我在这玻璃没办成，在这学会了‘扯蛋’了。”这道菜我觉得很好，能吃出哲理。

要说我最喜欢的甲鱼菜，还得是“清炖”。我吃过最好吃的甲鱼菜是在温州。记得那年春天，满地油菜花盛开时，我与温州味融酒家胡总有一场约会。胡总把一只千岛湖五斤重的甲鱼，白水煮熟冰镇，那味道只能用惊艳形容。当然这种做法从宰杀到处理都要非常用心细致，但这种做法在上海很少见，在上海最多的还是红烧、家烧。不过我最期待吃的还是“西郊 5 号”孙兆国老师许诺过要做给我吃的一道超级无敌甲鱼菜，可惜一直没做，我不知道他会不会忘记，因此在本书中特意提一下，好提醒他记得。

甲鱼现在价格也不低，但大酒楼、大宴席做得不多，还是以小饭馆或农家乐做得比较多。

上海那些够不着的老味道

我对上海老味道的垂涎应该说是来自一套书，这是 20 世纪 80 年代日本人来中国拍摄中国菜的一套经典名菜图谱。其中有一本是专门聊上海菜的，这本书选择了上海七家饭店的菜品。特别是每次看到书中那些菜的图片时，我都暗咽口水，期许着有朝一日飞黄腾达时，“按图搜骥”，吃它个一道不落。谁知天不遂人愿，我既没飞黄也没腾达，好不容易能混个“骗吃骗喝”时，有些店已经在我壮志未酬时“身先死”。有些店虽还存在，但味道也和以前很不一样了，有些当年的老师傅也已经不在人世。这些年虽也尝过一些，但每每回家翻出图片，只剩“望图兴叹”罢了，这或许就是得不到的永远是好的吧。

特别是在看到老正兴馆精美菜品的图片时，我常常在想那些菜是什么味道呢？我只能看图操作，自己学做了“蛤蜊鲫鱼汤”。有些菜看了连学都不敢，只能想想。特别是在人民饭店的菜谱里看到的“五味三鲜”，我觉得怎么都做不出来，味道也是想不出来的。但有时候遗憾也是一种“美”吧。有一些味道可能就是叫“吃不着的味道”。包括一些街边小店或一些网红

元宝

豚のひづめの…煮

…香糟(酒かすなどで作った調味料) 紹興酒 塩

…なわの「香糟蹄… である。「元宝」は中国古代に用いた…の…
…大きく、中が凹みのある楕円形である。豚のひづめの形も…
…元宝」の二字であらわされる。厨師たちは、「香糟」の…
…る際、酒かすと香料を使い、風味が濃厚で、酒の香りがし…
…「香糟元宝」ができる。
…香糟元宝」は表面に…かわゼリーが固まり、水晶のような…
…やわらかさの中に弾力があり、脂けはあるがしつこくなく…
…口当たりがよく、食欲をそそる。夏の季節には、人々は…
…の…を嫌うが、「香糟元宝」はそのようなときに喜ばれる…

腌鮮

たけのこと豚肉、塩漬け豚のスープ煮

…つきバラ肉) 鹹猪腿肉(豚もも肉の塩漬け) 竹笋(…
…塩 猪油(ラード) 紹興酒 鮮湯(肉スープ)

「…」とも言い、江南で流行のそうざい料理である。毎年…
…たけのこがいちばんやわらかい時期なので、清明節(四月)…
…料理ともなっているわけである。
…文学者蘇東坡の友人が彼の家を訪れて、「君はあまりにもや…
…を食べる必要がある。それに君の住まいの環境はあまりに…
…竹を植えれば落ち着いたたたずまいになるだろう」と言…
…は、すかさず幾句かの詩をもって答えた。
…竹令人俗
…大吃碗笋焼肉
…とやせ、竹がないと俗ならば、やせず、俗にならないために
…たけのこと肉を煮て食べなければならない。
…たけのこと豚肉を煮るそうざいはますます発展した。厨師たちはこ…
…「竹笋腌鮮」に仕上げた。
…バラ肉、塩漬け豚もも肉と新鮮なたけのこを精選して、
…「竹笋腌鮮」を作る。スープは白濁して濃く、肉は脂が乗り、
…風味を備えた名菜が仕上がるのである。

老正興館

39ページ参照

上海の山東中路が南京東路に出るところに「老正興館」はある。1930年の開店である。もとは九江路の東海大楼内にあって、1964年現在地に移転した。旧上海には百二十余軒の「老正興館」があり、全国の各大都市にも数多くの「老正興館」があるが、山東路の「老正興」がいちばん古い店である。

この菜館は各種の淡水河川の鮮魚の調理が得意で、江南水郷風味の特徴を持っていることで有名である。この店は、材料の吟味にやかましく、特に活け魚料理に重きを置いている。今日でも魚、蝦、蟹などはいけすに養っておき、「活殺現焼」(活け魚をその場で調理)を伝統的特色としている。料理の種類もたいへん多く、変化に富んでいる。青魚一種について見ても、魚の部位に応じて、それぞれ異なった料理方法によって、数十種類の違ったおいしさの魚料理を作ることができる。料理は、持ち味がきわだって生かされており、調味料は少ししか用いない。火かげんを重視し、でき上がった料理の色は赤く、油がつややかであり、味わいはこくがある。甘味も塩かげんもちょうどよい。東西南北いずれの土地の人の口にもよく合う。

厨師は独特の調理技術を持っている。名厨師徐杏生師匠は、十九世紀中期の有名な魚料理の名人[illegible]の高弟で、調理場に入って数十年という豊富な調理経験を持ち、その技術は熟達し、みごとなものである。彼の作った魚料理は、食べ始めてから終わるまで、味が変わらずおいしいと、評判は抜きん出ている。

「老正興館」の看板は、有名な画家程十髪の書である。

代表厨師 徐杏生

下巴划水

青魚のほおと尾の煮物

青魚下巴(青魚のほお) 青魚划水(青魚の尾) 笋片(たけのこの薄切り) 紹興酒 醤油 白糖(砂糖) 青蒜(にんにくの若芽) 猪油(ラード) 芝麻油(ごま油)

「下巴」とは青魚(コイ科の淡水魚)の下あごのことで、目とまぶた、ほおの部分を含む。この部位の肉はいちばん脂が乗ってやわらかく、おいしい。「划水」とは青魚の尾のことで、肉づきがよく脂肪にも富んでいる。

「下巴划水」は五十数年来の無数の名厨師の調理法の結晶である。この料理は長江の南北に名をはせ、お客から大いに歓迎されている。材料を選ぶのはきわ

店虽然生意很火，但真正去吃，有的只能是吐槽。有些味道我宁可永远不去试，但有些味道在想去试的时候却永远试不着了。

原来有一家只做夜宵的馄饨店，在石库门的房子里，晚上如果在门口挂上红灯笼那么就证明在营业，不挂就是不营业。一直想去试试，想了好些年，后来那个地方拆迁了，吃不着了。

还有一家老上海菜馆我也没去成，就是那个脾气很怪的“阿山饭店”，前些年就经常听朋友提起特别想吃那里的“猪油八宝饭”，谁知还没去，阿山师傅就去世了。后来听孙兆国老师说阿山师傅的儿子还在做，等我去上海他带我去吃，我满心欢喜。

看到心心念念的菜品图片又吃不着的，是做江浙菜的“绿杨邨酒家”，图片中的菜简直就是工艺美术大师的作品。一盘荷花鸡腿的图片伴着我度过了多少有酒无菜之夜，特别是那些冷菜的摆盘，我认为是后无来者了。

以上种种都是我已经够不着的味道，但或许就是因为够不着才更想尝到吧。

…えて作る。
…は薄切りにし、それをまたせん切りにする。工程を細心に料理すれば、
魚のせん切りはくずれずに、真白に仕上がる。それに漬け物の瓜の赤、しょう
がの黄がまざり、色彩がとても美しい。三種の材料は、料理する前は性質も違
い、味も違い、塩味も違うが、料理すると、香よく、甘く、味がよく、やわら
かく、こわれやすく、あっさりした味になる。脂っこいのがいやな人の口に
も、まことによく合うのである。

五味三鮮（ウー ウエイ サン シエン）

寄せ鍋蒸し仕立て

鶏肉　鴨肉(家鴨肉)　火腿(ハム)　海参(なまこ)　鮮笋(たけのこ)　油発肉皮
(肉皮は、豚の背または足の皮を干して加工したもの。それを揚げてもどす)
紹興酒　塩　肉清湯(肉スープ)　猪油(ラード)　河蝦(川えび)

「五味三鮮」は、「人民飯店」の厨師たちが伝統の名菜「花三鮮」を改良したもので、多くの顧客の賞賛を得たので、当時の店名(五味斎菜社)を頭につけて「五味三鮮」とした。現在店名は「人民飯店」と改めたが、料理の名前はそのまま使っている。

一般的な料理は魚、肉、鳥を三鮮と称するが、「五味三鮮」は、宜興特産の紫砂岡の土鍋を使って蒸して作る。たくさんの原料の上に、鶏、家鴨、ハム、なまこ、新鮮なたけのこの五種の材料をきれいに並べて模様を作る。ひげや足のそろった一対の大えびを油で揚げて上におき、生き生きした形に感じさせる。塩、紹興酒、肉スープを加えて蒸籠で蒸す。「五味三鮮」の材料は、火を通したもので、本来それぞれに異なった味がついている。もう一度スープ、調味料を加えて蒸すので、「五味が調和し百味がかんばしい」という独特な味を作り出している。スープは澄んで味は変わらず、風味は独特、何度食べても飽きない。
…れで有名になった。

…蓬豆腐（…ン ボン トウ フ）

蓮のうてな豆腐

…腐(絹ごし豆腐)　鶏蛋清(卵白)　魚茸(魚すり身)　肥膘(豚の…
…しさい)　青豆　塩　紹興酒　…
…脚(…

五味三鮮

合せ鍋蒸し仕立て

蛤蜊鲫魚湯

はまぐりとふなのスープ

饭店
阿
阿山

山飯店
营业中
OPEN

午：11:00～14:00
午：17:00～20:30
本店没有刷卡机!!
支持微信 支付宝!!
红烧肉 168.00
白水鱼 158.00
油炒虾仁 108.00
油八宝辣酱 88.00
油肉沫粉皮 58.00
158.00
158.00
78.00
35.00
38.00
68/只
98.00
198.00
88.00
198.00
178.00
88.00
68.00
56.00

人生有可能就来那么一次了

吃小笼包的技巧

其实，要说上海那么多好吃的东西，常常勾起我记忆的还真的就属小笼包。因人对于味道的记忆就像谈恋爱，人们老是拿初恋说事儿，其实很多初恋也不是那么回事，或是隔壁王叔家的丑丫头，或是弄堂那头的二嫂子，或是楼上的马寡妇……种种臆想或有实际碰触的统统称为初恋的感觉，而伴随着终身记忆。吃也一样。

第一次到上海已经是二十多年前的事了，像我这个骨子里面好玩贪吃的人，不管生活条件如何，总要创造条件去走走看看吃吃，因此我到上海的第一件事就是逛城隍庙。

在城隍庙旁边有家南翔馒头店，心想着光有馒头也能开这么一家店？上海真是千奇百怪，我也去买两个充饥。结果到跟前一看，排着长长的队。我是属于那种最没耐心排队等吃的人，所以看看就算了。但还是要满足一下自己的好奇心，就偷偷地看了一下人们买到的馒头是什么样子，结果一看，每人端在手里的一盒盒吃的，是一个个袖珍包子。我问边上的大叔："这家店卖的不是馒头吗？怎么都是包子？"大叔笑着和我说："这就是馒头，我们都这么叫，也叫小笼包，你是刚从外地来上海的吧？"这时我才明白上海的馒头和我认知里的馒头是两回事。

我从小在牛田洋跟着地方驻军长大，可以说是吃馒头长大的。部队的馒头用面粉、少许白糖、大量酵母发酵，蒸起来一个个膨胀得大大的，那才叫馒头。从小在我脑海里的定义是没有任何馅料的面蒸的都叫馒头，有馅料的叫包子。因此，我知道包子也可以叫馒头就是从南翔馒头店开始的。但是说了这么多，第一次逛城隍庙还是没吃上小笼包，所以人有了遗憾就会心心念念。

第二次到上海已时隔三年。我第一次到上海是纯游玩的，这次到上海是开展业务工作的，所以一到上海我便迫不及待地赶到城隍庙，这次无论如何要吃上南翔小笼包。但是到了一看，依然长队不改。相伴而去的是我的一个客户，人很漂亮，有着江南古典的美，她对我说："标哥，你逛一逛，我来排队。"我欣然接受，因这一次非吃不可，不过怎么好意思让陪同的客户排队为我买包子呢？我也不好意思去逛，有美女聊聊天时间还是过得很快的。排了大约半个钟头就买到了。客户说："标哥呀，托您的福，我也是第一次吃到这里的小笼包，我们平时很少到这儿来的。"说完打开盒子，拿出两双一次性筷子，站在边上就开吃。她夹起一个轻咬一口，小嘴轻吹，美不胜收。我却夹起一个边往嘴里一扔，边说："吃东西要豪迈一点。"谁知话还没说完，从口腔到喉咙一阵撕裂感，热浪滚滚，这时感受到了火山在口腔里面爆发的场景，所有美食对于爆浆的描述此时此刻都是罪恶的。我条件反射地口喷肉浆，眼泪一并溢出，她却笑得弯下了腰。

等我痛过，她笑完才和我说："标哥，不好意思忘记提醒你了，因为上海的小笼包汤水多，所以吃的时候要讲究技巧。"她此时做起示范。她先用筷子轻轻夹起小笼包，移到嘴边轻咬一小口，再用嘴吹一下，然后往回一吸，再把剩下的包子轻轻点了一下姜丝蘸醋，然后整个放入口中轻咀慢嚼起来。到此我才明白，吃小笼包确实是需要技巧的。

这一次虽然吃到了心心念念的小笼包，但是刚才的一烫让我灵魂出窍，也就食不知味了。要说到真正体验小笼包的滋味还是几天以后。跟另外的客户聊到吃小笼包的惊心动魄时，客户笑了笑和我说："林经理呀，吃这件事你要找对人，我带你去，你在那里排队买到的已经不是那个味儿了。"我这客户是典型的上海知性男人，慢条斯理，幽默风趣，又懂吃，也算是资深吃货一个，他叫周玉泉。后来在他的身上我学到了很多人生的态度，这是题外话。

然后他跟我说："走，我带你重新去吃一下南翔小笼包！"我们立马出发直奔城隍庙而去。到了那儿已经是下午一点多钟了，队依然排得很长。老周带着我绕过长队往里头走，上了二楼，我说："还有楼上的？我这个乡下来的真不知行情。”到了二楼也没位置，要排号，三楼雅座因价格不一样倒是不用排队等位。于是我们到了三楼雅座落座，在这种环境下吃东西的感觉跟楼下简直就是天差地别。

那天我们吃了各种馅料的小笼包，还有灌汤大包。这一次有备而来，又学过了吃小笼汤包的技巧，所以就得心应手地细细品味，没有出洋相。这次吃小笼包，我感受最深的就是包子皮，这皮薄而韧，透明到可以看到里头的馅儿，但用筷子夹起又不破不散，而且里头还饱含汤汁。所以到现在我的记忆中还是南翔馒头店的小笼包好吃。这可能就是前面说的初恋的感觉吧。

在吃过这一餐小笼包以后，回到汕头我也尝试做了一些，但不管怎么做，不是皮太厚就是容易破，叫其他点心厨师朋友做也没做出个模样，后来就放弃了。倒是每次到上海都抽个时间去南翔馒头店吃一餐小笼包成了我的习惯，直到近年我“不务正业”专门玩起了吃喝之事，才有高人指点做小笼包的诀窍。南翔小笼包的包子皮用的面是不加酵母的，不发酵。按上海人的说法叫“呆面”，跟普通做面包的发面是两回事。但这个很考究点心师傅的硬功夫，面要揉得软硬适中，在擀面皮时不能撒粉，这个一般手劲不够、经验不足的确实做不出来。这样的“呆面”包起包子，皮韧、耐蒸、易熟，做好后急火快蒸几分钟就可以出锅。一家店能够开了一百年而长盛不衰肯定是有它的道理的。虽然我在美食圈内“骗吃骗喝”的时间长了，也吃了许多精致高级的小笼包，但始终觉得味道不如南翔小笼包。

南

頭店

蟹粉小笼包一定趁热吃

上海五香豆商店
Shang Hai Wu Xiang Dou Shop

老庙黄金
Lao Miao Jewelry

豫园老街
Yu Yuan Classical Street

童涵春堂
Tong Han Chun Tang

南翔馒头店
Nan Xiang SteamedBun Restaurant

“开洋”是什么东西？

到了上海，不得不想起来的就是葱油面。苏北人爱吃面，所以把各种面带进上海。但我对于葱油面的记忆还是当年在上海跑业务时留下来的。

那时孤身一人在上海跑业务，身上也没多少钱，葱油面便成了我的至爱，既经济实惠、方便快捷，又能吃得饱。好一点的店，一碗在十块至十五块。如果找个安徽料理店或江西料理店，有的五六块也能搞定，而且那阵阵葱香可以让你回味许久。虽然吃了许久葱油面，但那时对葱油面的许多做法却知之甚少，因那时为了省钱，点的都是最普通的，很多店里标明的各色“浇头”品种我连问都不敢问，连“浇头”是什么都不知道。

后来才知道“浇头”就是加各种料，关于加料我还闹过一个笑话。那时，我年轻气盛也好面子，到处吹自己是“美食人”，然后跟上海几个业务人员去下馆子，喝了几杯啤酒就吹嘘说自己对上海的吃有多熟悉，特别是吃遍了大街小巷的葱油面。大家同感，都说：“今天标哥请客，业务又谈得顺利，我们中午的葱油面一碗加三份‘开洋’。”我一听马上说：“没关系，加五份都行。”说完以后脱口而出问身边点菜的小妹：“‘开洋’是什么东西呀？”小妹一愣：“‘开洋’侬不知道是什么东西？”然后我看大伙儿也安静地看着我，我突然间就感觉丑出大了，一下子脸变得比葱油还红。从这一次以后，我才知道“开洋”其实就是虾仁。我们潮汕叫虾仁，但上海很多人叫虾米，其实还是不一样的，我们那里是把小个头儿带皮的叫虾米，去皮的叫虾仁。后来慢慢有条件了，经过研究才知道任何一款能够扎根在最普通的民众中而又能长盛不衰的食物，肯定有许多背后的故事和合理性。

原来，苏北传入上海的面就是葱油面。“浇头”就是各家各法，后来的“葱油开洋拌面”应该就是正统的上海产。这也证明了上海的生活讲究又不一样了。“开洋”也就是虾仁，要选个头儿大的，然后用黄酒泡发蒸至软糯，再用生抽加糖煮。当然，后来就是各家各法，吃喝玩乐本来就是没有多少的传统与正宗，都是依条件和环境而变化，那叫与时俱进。但是既然聊到了一款有历史的传统小吃，还是想多了解一下它的前世今生，因此我也请教了上海丰收蟹庄的老板傅骏，我认为他是上海吃喝典故的“活字典”，所以碰到不解之处就自然而然地想起他。

今天写葱油面更少不了他。因两年前他做过一碗葱油面给我吃，他和我说:“标哥，这才是真正代表上海的小吃之一。”不过那天他加的不是“开洋”而是他的产品“蟹粉”。但他跟我说：“既然叫葱油面，那葱肯定是重中之重，而且真正讲究的葱是葱白带须一起炸，这样才是真正懂行的。”不过吃葱带须的，我也就在傅总这里吃过，其他地方倒没有。

想不到过了两年傅总便把葱油面做成了产品。现在我经常备有丰收蟹庄出品的葱油面，随时可以充饥。今天刚好写葱油面，我又赶紧给傅总打了电话，让他给我讲讲葱油面的前世今生。他说，目前全上海葱油面做得最正宗和原始的饭店就是豫园的湖滨美食楼，因为湖滨美食楼的葱油面就是当年“开洋葱油面”的创始人陈友志开创的。

清末民初，陈友志在豫园的盘龙桥边上摆了个面摊儿。“葱油拌开洋”是他始创的，后来公私合营就把陈友志并到了湖滨美食楼，因此这个脉络就是这么来的。但可惜的是经济越发展，人心越浮躁，要吃到一碗正儿八经、精心熬制的葱油，精心挑选泡发到位的“开洋”，筋道爽滑的拌面已经很难了。现在能够勉强回味的就是湖滨饭店，还有沧浪亭、小南国。但究竟什么才算好吃那只能看肚子饿的程度了，因为现在市面上的葱油拌面每一家都不一样，特别是这个葱有熬的，有炸的，有炸了再熬的，甚至有见过直接撒葱花的，等等。

本来还想写点什么，刚才瞄了一眼我的股票，又变绿了。唉！就像看到一碗葱油面上面撒着一把生葱花一样难受，不写了。

2020 年 2 月 20 日，晴

怀念当年葱油面的那点事

现如今湖滨美食楼的开洋面

这是“丰收蟹庄”傅骏老师为我做的一碗没有“开洋”的葱油面

“得闲饮茶”才是最上海

徐江辉是一名厨师，老家在安徽。但我和他认识的时候他已经是企业家了，在上海开了好几个餐饮连锁品牌，像“上海大饭堂”“五渔村”“蒸汽海鲜”，等等。我一直相信一个能把菜做好做出意思的人，如果经营企业也肯定能做出名堂。果不其然，老徐做菜大开大合，追根而不守旧；经营亦然，不墨守成规，经常找准市场的空白点，走在市场的前沿。想当年我们的一席谈话便谈出了一个茶楼。当年和江辉还没那么熟的时候，有一次他到汕头造访，来时很大气地送了我一支很贵的笔。他笑着说：“标哥，这当见面礼，知道你写书用笔的。”助理偷偷和我说：“哥，这笔很贵的。”一见面送我这么贵重的礼物，我当然也喜笑颜开。

喝茶畅谈间，徐总问我：“标哥，你常来上海，对上海的餐饮、生活方式有何见解和感触？”我对徐总说：“上海是我最喜欢的城市，从美食角度看它可以真正称为美食之都。从现代化到各种信息的前沿都是非常好的，而且最难得的是，不管多现代化，上海的生活方式还是有它自己坚不可摧的习惯。但我每次在上海都若有所失，就是好像少了点什么，老感觉吃喝上少了能和这座城市搭上韵的东西。”徐总问我能不能说具体一点，我想了一下说 :“老广式茶楼。”我每次到上海只要有时间就会去城隍庙的湖心亭，在那里点上一壶茶喝上一个下午，或要和朋友聊点事也把他们约过来，因为在我的心里，这才是上海应有的老韵味。也可能和我爱茶有关系吧，或是身在广东的缘故，骨子里面觉得能在茶楼里面悠哉游哉地喝着茶，吃着美味的点心，顺便把生意谈了，顺便把恋爱谈了，顺便把余情旧怨了了，这是多么美好和儒雅之事呀！

其实，我一直对大鱼大肉大宴席、豪情万丈喝大酒的方式不适应，总觉得那个是人从极度贫穷中才过渡时，特别渴望物质的极度饱和，才能满足这种“日子是真的好了”的快感。这种状态我觉得特别不符合上海的气质，因此上海才缺少有闲人的茶楼。在我的印象中，从北到南，凡是文人墨客聚集的地方，一定有茶楼，而且这些茶楼点心精致，集名厨、名菜，商贾富人聚集之地亦然。像香港、以前的老广州都是茶楼林立的地方，一壶茶、几碟精美点心，半天闲工夫，这才是一座城的韵味。的确，上海很少有这样的地方，话到此处我看徐总也总是客气地点点头。后来临走时，徐总跟我说："标哥，有时候做企业真累，今天和你在这里安安静静喝茶聊天真的舒服，假如以后有可能弄一个喝茶、吃点心，不要太复杂的地方也很好。"说完大家就此一别。

过了一年左右，我再到上海时徐总找我，和我说："标哥，我弄了一个可以喝茶的地方，你来看看。"我迫不及待地说好。徐总接上我直奔他的茶楼而去。到门口时就让我惊讶了，仿佛来到了 20 世纪 30 年代的民国老茶楼，雕梁画栋，铜壶一字排开，红木圆桌、花窗古意，前台就是古式茶楼的样子。徐总看我正惊讶就和我说："标哥，自从去你那儿回来后我一直在思考你说的'闲'才有贵气，所以我想打造一个能让客人有份闲情雅致好好叹生活的地方，同时，也让自己可以坐在这儿喝喝茶，看着人来人往，而且来喝茶吃点心的人都是比较儒雅的。”说完指着上面的招牌给我看，“标哥，店名就叫‘得闲饮茶’，而且这里的茶还得你帮我配和监制。”我听了非常感动和开心，一来我又有点儿小工作了，最重要的是如果这种模式的茶楼能多开一些，那才是我心目中的上海。人生真正贵气者，有钱、有闲喝茶去，家长里短一席话，笑看日落且归家，家中娇妻温旧酒，共饮一壶度良宵，来日得闲饮茶去，此景才是最上海。

得闲饮茶才香

甬府的“小”海鲜

一般去上海很少人请我吃小海鲜，因大多数人都以为我是来自海滨城市，特别是在汕头这个无鱼不欢的地方。朋友请吃饭总会选择一些淮扬菜馆或者是西餐、日料之类的去处。

第一次吃上海小海鲜是在几年前，有一次带着女儿到上海玩，沈宏非老师说请我吃顿饭，约我到锦江饭店12楼的甬府。

沈爷说是吃小海鲜。那天，当我进入甬府，一看价钱后，就觉得有点儿不好意思了。因为沈爷到汕头时，我带他吃的就是路边的“黑暗料理”。

那天吃饭时人不多，也省去了许多客套陪酒的过程，直截了当地开吃。沈爷一再说：“想不出什么可以给你吃的，就吃点小海鲜吧。”结果当天晚上的出品还真让我大吃一惊，想不到这里隐藏着一家做海鲜能这么讲究的店。我记得当天有一道盐水煮白鲳鱼，非常简单，但是新鲜、干净，

宁波炝蟹

很贵的黄鱼

其他的什么大黄鱼、奄仔蟹啦，各种各样的在此就不做过多回忆和描述了，因这些年甬府的知名度越来越高，各种美食评论太多了。

我到现在仍念念不忘的就是当晚的一锅芋艿羹。这道芋艿羹填补了我的空白点，因宁波菜其实从味型到做法和潮菜是极其相似的，唯独这芋艿羹是汕头没有的。甬府又把它做得浓香四溢，我一个人吃了三大碗。

自此以后，我自己到上海或是有朋友问起上海哪里有小海鲜吃时，我就会跟他们说：“去甬府！”

不用打招呼，出品惊人地稳定，是好的稳定，除了贵，其他一切没毛病。

这个调性吃饭好像还可以

帅帅的家常味

本来《玩味上海》这本书已经说过许多次截稿不再写了，但都意犹未尽，也总有不得不再增加的人和事。

帅帅，全名帅晓剑。我和他认识多年，但说实在的，跟他一直只限于面上交际而已，因他原来工作的地方太“高大上”，他在厨师这一行也混出了明星效应，所以每次见他都是众星拱月，总之是很厉害的样子。

从一个厨师的角度，帅帅确实也有他的成就感，要不您看一看我从网上找到载的一点关于他的介绍。

上海诺莱仕游艇会行政总厨，法国蓝带学院中华料理客座讲师，是《熟悉的味道》《人气美食》《美食大王牌》《行走的美味》《年味 FUN》等诸多美食节目的评委、特约大厨，更是谢霆锋《锋味》的美食顾问。

有了以上这些资历，作为一名还年轻的厨师不狂不躁才难呢，因此有了以上因素，我也跟晓剑没有太多的交集，直到前些日子碰到他，他跟我说："标哥，找个时间去我那儿吃个饭。"我说："你那儿太'高大上'了，我不敢去。"他跟我说："我现在开了个专门做家常小菜的馆子，专做一些家常的菜。过去这些年忙于应酬和交际，许多真正有功底的家常菜都不怎么做了，经过思考，觉得人生莫过于平常呀。因此，就开了个小馆子，做点家常菜。"我一听就非常开心，这是喧哗之后的回归，厨师就是做菜的，做出好吃的菜才是硬道理。因此，我非常期待，也很高兴上海又多了一个可以吃大厨做家常菜的地方了。以下是我很喜欢的几道帅帅的拿手菜。

奶香青豆泥：此菜为上海传统菜，现在已经没有多少店家再做了，因为工序繁琐，又费人工，且卖不上价格而被放弃了。帅帅却坚持做，而且是非常好吃，青豆泥起沙，微甜丝滑，奶香十足，色面清新。

镇江肴肉：灿若桃花，肉质细腻，肉冻琥珀色，里面嵌进了核桃肉，外面撒西柚和酸姜，把传统肴肉打扮得漂漂亮亮。

这两道菜是我的最爱，其他的菜在此我也就不多费口舌了。总归一句话，只要是这样一个大厨愿意去做一桌家常菜，没有不好吃的理由。

还有值得一提的就是这个店的选址，也是让人点赞的。这个地方对于讲究调性的上海朋友来说，无疑是个好去处，吃完饭周边逛逛，不经意间就有一处网红打卡地。

帥帥精致家常味的地址：上海市黄浦区长乐175-4号

电话：021-63871777

奶香青豆泥

镇江肴肉

帅帅家常的小大厅

潮味上海滩

刚开始准备写《玩味上海》一书时，想当然地就以本地菜为主线去寻味，但写着写着发现有点儿离题了。在前面的序中说到为什么要写《玩味上海》，就因为上海包罗万象，用包容的态度接纳了许多的文化、人，包括味道。而味道的流动才是真实反映不同人文的无字记忆。

比如，川菜的形成就是在民国时期，民国政府入川，带来饮食的另一高度，上海亦然。从清末民初开始，大上海吸引了全国乃至海外精英云集于此。因此，富贵人家身份的象征，就是有私厨，私厨才是精致菜肴的创造者。因上海人口流动性强，每个人口味各异，就形成了上海复杂的饮食习惯与文化。所以还是决定不管菜系，不论派别，只要是有特色和值得一试的，最重要的是我能接触到的，我都会收录进这本书。

在聊到玩味上海时，不得不提的一个味道就是潮味。从 20 世纪 80 年代开始，潮汕人大量地外出谋生。因为潮汕人多地少，生活艰难，所以在上海聚集了大量的潮汕人。同时期潮菜在香港一带声名鹊起，也开始进军上海，特别是在改革开放时期以燕翅鲍为主料的高端菜。从此潮菜体系在中国大地上遍地开花，特别是近年来潮汕味道的另一场高潮正在上海上演。

但我作为一个本土的潮汕人，对本土潮菜的发展有着深深的惭愧。因地缘关系，从老板到厨师大都故步自封，小富即安，不愿多做交流，总是以为"老子天下第一"，所以这些年各地菜系与时俱进，已经把潮菜远远地甩在了后面。

但我欣喜地看到潮菜在上海有了蓬勃的生机与发展。其中，有以上海"潮府馆"和"菁禧荟"为代表的高端潮菜，还有像"家府"这样以普通砂锅粥和潮汕文化印记为主题的大众餐厅。在上海，这些潮菜餐厅已数不胜数，所以我决定在书中单独把这些潮汕风味的餐厅挖掘一下，作为书中的一个篇章——"潮味在上海"。

松彬烧螺宴

写上海潮味不得不隆重介绍的就是潮府酒家行政总厨刘松彬的烧螺宴。潮府酒家，其前身为汕头精细菜代表企业“建业酒家”。当年建业酒家与潮府现在的老板合作创办潮府酒家，一炮而红。

后来因经营理念不同而分开，潮府酒家便由现在的老板继续经营。厨师团队班底也是以原建业酒家的老班底为主。特别是从 2008 年潮府酒家进入世博会代表粤菜开始，至后来的韩国丽水世博会代表中国菜等殊荣，把潮菜在上海乃至全世界推到了新高度。近年来，潮府酒家的菜品在行政总厨刘松彬的打造下，在巩固了老传统潮菜味道的基础上，精益求精，许多菜品从工艺微调到摆盘的呈现，已经具备了国际化与现代化的条件。

一个酒家的兴旺必须存在有灵魂的厨师，有灵魂的厨师必须有灵魂的菜品。我与上海的朋友说过，潮汕名菜“烧响螺”，其实最好吃的不在潮汕，而是在上海。刘松彬烧螺是一绝，因此到目前为止我不做的一道菜就是烧螺。我跟朋友说："我觉得怎么烧都没有松彬烧得好。"因此，就等他烧给我吃。还有他做的老鹅头，虽是潮汕卤味，但是口感和质感都做了调整，干爽 Q 弹，更是下酒神器。松彬的一锅泉水粥，煮得出神入化，治愈了无数游子的思乡情。在此重点陈述一下，据我所知潮汕本土的泉水白粥的原创者为刘松彬。

我与刘松彬相识是一种缘，也为他的匠心所感动。因此，从客观的事实至感情的因素来讲，我认为潮府酒家是上海品潮味的不二选择。在这里不得不说明一点，厨师是流动的。一家酒店除非老板自己是厨师，其他那些请厨师团队的，菜品都会因厨师变动而变动。因写一本书往往历时两三年，等到书出版时，有可能厨师已经不是那个厨师，潮府酒家也已经不是那个潮府酒家了。因此，读者按书而去寻味时，万一是人非物也非时，请多多包涵。

这锅泉水白粥可解渴可吃饱

在我的另一本书《玩味潮汕》中也有一篇聊到与松彬初识的趣事，在此就不多说了。整篇搬过来也算凑字数吧。

记上海·潮菜新锐刘松彬

与松彬相识于潮菜研究会张会长主持的一次饭局上。有饭局我基本上都第一个先到侍茶。水才开，门铃响，我起身迎客，正是松彬，我起初并不认识他，点头相迎请他落座。松彬给我的第一印象很一般，身材魁梧，面相颇有“梁山风格”，隐隐江湖气。至席间与我相邻而坐，在言谈中酒过三巡，我即对他另眼相看，真是人不可貌相。

经张会长介绍，才知道松彬为全上海最高端的潮菜酒楼——上海潮府馆行政总厨。他在 2010 年带领一班同僚以潮菜代表“八大菜系”中的粤菜参加了上海世博会，其间接待了国家领导人及各国政要，好评如潮，使潮菜在国内乃

至国外的知名度节节攀升。更是于2012年再接再厉，代表中国菜参加了韩国丽水世博会，获得了空前盛誉。特别是松彬作为潮府馆的运营馆长，在韩国接受了多方挑战，终不辱国之厨威。然而让我另眼相看的是，年纪轻轻的他虽有诸多光环与荣誉，但在席间言谈却谦逊有加，虚心求教，外粗而内细。特别是在与我谈及他也常翻看书籍找烹饪方法时，我即有相见恨晚之意了。后来我推荐松彬看名食家陈梦因的书，至第二次见面时，松彬与我说道，他托人在香港买了全套《食经》及陈梦因所有其他著作，我即暗想：此人必成潮菜之大师。

果不其然，特别是在两年的交往中我发现，松彬无处不学，就连我这“野路子”的家常小菜他也不放过。两人相聚，偶有小创意他即欣喜细问，如此，厨艺哪有不精的道理。他于2014年更获殊荣，上海亚太经合组织会议期间，潮府馆作为宴会接待，接待了哈萨克斯坦总统一行。松彬亲自掌灼了潮汕名菜角螺片供贵宾们享用，让客人感受了潮菜的精髓。作为在外谋生的潮汕厨师，能得此成就，我将松彬列为潮汕菜新锐的代表实不为过。这里也要特别感谢松彬，因为他知道我提笔写书，为帮我完成此书，欣然愿意提供多年的从厨心得，与些许菜品的制作方法与读者分享，在此一并谢过。

以下是刘松彬的一些经典菜品。依样画葫芦，你也可以做出几个“不那么家常”的家常菜。

煮米

主料： 米400克

辅料： 龙川纯净水1500毫升，普通纯净水1500毫升

工具： 砂锅

制作方法： 煮

1. 先将龙川纯净水1500毫升和普通纯净水1500毫升，倒入砂锅烧开。
2. 将选用的一年一造的大米洗净后，倒入，人不离锅、手不离勺，猛火一直搅拌，直到米粒爆开腰即可，离炉后5～10分钟食用最佳。

特点： 爽口弹牙，有一股幽幽蛋香味。

清甜姜薯汤

主料: 姜薯 500 克

辅料: 纯净水 1000 毫升、冰糖 250 克、炒好的白芝麻 100 克

工具: 砂锅

制作方法: 煮

姜薯去皮、洗净、切块，放进砂锅，加入纯净水、冰糖煮开，改为小火保持微开，煮 6 ～ 8 分钟，让姜薯熟透，关火，撒上白芝麻，即可食用。

特点: 潮汕风味，口感清甜。

太极护国菜

主料： 菠菜叶、上汤

辅料： 蟹肉、蛋白、鲜草菇

配料： 小苏打、生粉、鸡粉

工具： 鼎（砂锅）、破壁机、灯盅

制作方法： 煮

1. 先将菠菜叶入水，加入少许小苏打粉，然后捞起放进冰水里过冷漂净。
2. 把过好水的菠菜叶用破壁机打成泥，待用。
3. 把蟹肉落鼎微炒，加入上汤，调好味道，加入蛋白，用勺推开，加入少许生粉，调成羹状倒出，待用。
4. 把鼎洗净、烧热，加入适量蒜头油，把鲜草菇放入鼎中炒香，加入菠菜泥上汤煮滚。关小火，加入适量盐和少许鸡粉，加生粉打芡，调成羹状，装入灯盅。再用勺放入调好的蟹肉羹，主要放在表面，形成太极图案，再用汤匙点上太极图案盅的两仪。

特点： 图案精美，颜色鲜明，绿色养生，素菜荤做。

蟹肉炒松针米

原料：松针米400克

辅料：榄仁、蟹肉、红萝卜末

配料：精盐、鸡粉、上汤、麻油

工具：鼎

制作方法：炒

1. 将松针米蒸熟，待用。
2. 烧鼎落油倒入松针米炒热，加入榄仁、蟹肉、红萝卜末，加入配料调制芡汁，炒匀即起。

特点：口感香糯，菜品美观。

鱼崽鼎

主料：细鹦哥鱼3条、沙尖鱼3条、黄泥猛鱼3条、细龙舌鱼3条、小白枪鱼3条、虾6只

辅料：蒜头油25克、盐一茶匙、味精半茶匙、姜汁少许

工具：不粘鼎

制作方法：煎

1. 先将鱼去肚、洗净、切成两段，虾去头即可，放进盆里后加入盐、味精、姜汁腌制10分钟。
2. 起火把不粘鼎加入蒜头油烧热，倒入腌制好的鱼崽，先大火后小火煎至鱼贴鼎一面成金黄色，然后大翻过来，让鱼的另一面煎至金黄色即可起鼎，倒入装盘。

特点：食材广泛，味道咸鲜，脆香可口。

注：在翻鱼环节须注意，很多人会把鱼翻到鼎外。可以用筷子一块一块夹翻过来。

接地气的上海潮味

《玩味上海》已经写了一大半，其中有一个比较重要的篇章就是写“潮味在上海”。在没写之前，觉得潮汕菜在上海滩好像多得是，但真正写的时候，却发现能写的确实不多。因我写的几个基本条件是，不管高、中、低档，起码卫生、品质是要能保证的。概括说就是要能吃！抑或是我走的地方还不够多，还有许多我不知道的。

因此，我虚心请教了上海老饕陈潜哥。潜哥是地道的上海潮汕人，祖辈是潮汕人。他出生在上海，所以对于上海的潮味他是有发言权的，并且潜哥对于美食的热爱和追求也是可圈可点的。但问到潜哥时，他也很为难地说：“两家高端的你都写了，应该写点中端的。”想了半天，他说有一家叫“鹅将”的店，从品质到卫生方面都还可以，主要是比较适合普通家庭用餐或一帮朋友小聚之用。

我听了欣然前往鹅将，到那一看：环境整洁明亮，卫生做得不错。后来找店主聊了一下，发现原来店主也是潮汕人，虽然不是厨师出身，但也是因为爱吃，在上海工作创业，想找到家乡的味道，所以和朋友合伙开了这家店,主打菜品为潮汕卤鹅。每天他都会从潮汕采购一些食材空运到上海，像猪杂、薄壳、杂鱼类的也都颇为丰富，所以我很开心找到了一家能够写进书里的家常潮味。在这里也要感谢潜哥的指引。

说到接地气的潮味，还有一家重点推荐——家府砂锅粥。这家店也是潮汕人的骄傲。店主纪洁域，老家是普宁的，早年到上海发展事业，竟然还娶了一个上海美女做老婆。我说他是潮汕人的骄傲，就是因为这件事。对能娶到上海美女做老婆的潮汕男人，我一直都很佩服。

呀!说着说着又跑题了。家府打造的是以潮汕砂锅粥为主打的潮味记忆。纪总很有文化情怀，他的店主要格调是以潮汕的文化印记为装饰，像潮汕的粿印、鸡公碗、鸡公杯等，菜品上也是以潮汕的小吃粿品类和潮汕小海鲜为主打。这些年，纪总的事业也发展得风生水起，家府砂锅粥在上海也开了十多家分店。

所以在上海如想接地气地吃点潮汕味道，家府也是很不错的选择，并且拿着这本书去家府还有意想不到的惊喜，详细内容请参考本书最后的读者福利版块。

西
500
永嘉路
东
416
W
Yongjia Rd.
E

一家我还没吃过的潮汕卤鹅
——鹅匠

前些日子，上海餐饮界新贵“荷风细雨”的老板何雨晴来访，无意中和我聊起了上海的潮汕味道，说她喜欢一家叫“鹅匠”的店，在上海的卤鹅中，她就喜欢吃他家的，还为我列举了他家许多好吃的菜品。但我没吃过也不认识，所以很难发表意见，大家就当是茶余闲话。

但何总一回上海还真当回事地让鹅匠的创始人王礼荣先生给我打了电话。大家都是潮汕人，聊起来也倍感亲切。原来对于卤鹅王老板还真正算得上是家学渊源，他老家澄海是狮头鹅的养殖基地，从20世纪70年代开始，王老板的父亲王璧君老人家就在澄海外砂南社村从事卤鹅、卤鸭的小营生。王礼荣从小跟在父母亲身边当个小助手，直到成年后跑到上海工作生活。不过那时王礼荣看不上家里的小作坊生意，一心想要发展其他大的行业。但兜兜转转到了前些年，王礼荣蓦然回首才发现：其实行业没大小之分，只有做得好与不好，还有就是有没有自身优势。因此，他觉得最让他熟悉不过的就是从小看到大的卤味行业。

他在2017年就在上海开了家卤鹅店，店名就叫“鹅匠”。我和王老板说：“你这个名字起得好，但也希望你能够真正用一颗匠人的心去卤好每一只鹅，如果这样，鹅也会感谢你的。”同时，王老板向我介绍说，短短三年时间，他们已经在上海开了五家分店。在向我介绍他店里的特色时，他反反复复地说尽量把潮汕传统的味道搬到上海并且发扬光大。我听了在心里默默地想，什么才是潮汕传统的味道呢？味道是个很抽象的东西。王老板极力邀请我过去品尝，我和他说我近期去不了，但又想多推荐一点潮汕味道给上海的朋友们，可时间又紧迫，那我就这样写一篇抽象的文章吧。

因我写其他店时一定是自己吃过觉得可以推荐的才会写，但这一次我对王老板说：“来个例外吧，你发一些店里的照片给我，我来写个没吃过的。”谁知道我一看，还真有点儿喜欢。店虽不大，但有格调，明亮洁净，这是我喜欢的风格。今后去上海又多了一个回味家乡味道的好去处。同时，我也感到非常开心，虽然还没跟王老板见面，但他很豪爽地说：“标哥，听

還有五香、八角一起滷水
鵝匠

说你书里有福利赠送这一项，我也来参加！”我一听，又替我的读者开心了一下。不过究竟送什么呢？就详见后面的福利啦。

2020年9月9日午

于汕头茶痴工作室

潮汕砂锅粥与上海泡饭

记不起多少年前有个揭阳朋友想创业，因为他在揭阳在帮人家的砂锅粥店打过工，所以找我商量说想去外面打拼，想去上海做砂锅粥，因为上海有他姐夫在那儿。他问我砂锅粥在上海有没有市场，能不能做。我一听立马对他说："可以做。"第一，上海潮汕人特别多；第二，也是核心点，上海人也能吃。为什么呢？上海有吃泡饭的习惯。朋友一听非常兴奋，过了段时间又找我说他决定去上海开砂锅粥店，想让我帮他写点潮汕砂锅粥的文化，写出与上海泡饭相比的优势。我一听就犯了难，如何去写砂锅粥和上海的泡饭呢？

在过去，潮汕的砂锅粥和上海的泡饭都是普通老百姓填肚子的东西。上海泡饭就是把剩饭、剩菜、菜汤、肉汤、鱼汁，一股脑儿地倒入一大个碗，再加点开水，就美味地填肚子了。砂锅粥也是。我小时候家里穷，天天吃砂锅粥，一锅米汤连米都不能放多，稀稀拉拉的，然后见到点啥都往锅里扔，菜叶子和在小河沟里面捉到的小虾、小鱼也往里扔，什么田螺、贝壳之类的都放下去，最希望放的是青蛙。小时候最渴望捉到青蛙，捉到以后大人说要把青蛙用一个黑色的袋子包住，不要吓到它，然后把青蛙往锅里一扔。

如果这可以算文化的话，那倒是可以写个三天三夜。但我跟他说不用谈文化，你只要在上海把砂锅粥做得味道鲜美、用料新鲜、价格实惠，生意肯定好。这兄弟看我没按他的要求帮他写文化，也就一别而去，从此再没联系。

但这几年我欣喜地看到潮汕的砂锅粥还真的在上海遍地开花。像普宁老乡开的家府，以海鲜砂锅粥为主打，也开了很多像潮府粥道这种店。我觉得砂锅粥作为一种方便快捷又美味的餐食方式，很符合现代快节奏的上班一族。

以上是砂锅粥的文化，以下是上海吃砂锅粥的好去处。

上海潮汕砂锅粥

家府潮汕菜（长泰广场店）

地址：祖冲之路1239弄7号B1楼05-1室（长泰广场）

电话：021-50800859

营业时间：周一至周日 10:30—14:00，17:00—20:00

潮府粥道（九六广场店）

地址：东方路796号九六广场1楼101室

电话：021-68963695

营业时间：周一至周日 10:30—20:00

一米香潮汕砂锅粥（黄河路店）

地址：黄河路 103 号（人民广场地铁站 9 号口出北 200 米）

电话：021-63670017

营业时间：周一至周日 09:30—翌日 02:30

潮堂（环球金融中心店）

地址：世纪大道 100 号环球金融商务中心 3 层

电话：17316325774

营业时间：周一至周日 11:00—16:00，17:00—21:30

潮州府砂锅粥（徐家汇店）

地址：广元西路 60 号裙房

电话：021-64040018，021-64040019

营业时间：周一至周日 10:30—翌日 03:30

潮汇居（百盛购物中心店）

地址：淮海中路 918 号百盛购物中心 8 楼

电话：021-64660200

营业时间：周一至周日 10:00—21:00

黄梅湿起火锅正是时

写一本书有时刚刚开始写的时候文思如泉涌，觉得有许多可写的东西，但写着写着就不知要写什么了。因我个人坚持所写必有所感，纯粹为了写而写的就算了。

本来这次在上海待了几天就是补拍些照片，完善一下文稿，谁知道又碰上黄梅季，湿、闷，莫名地忧郁，再也写不出什么。

这天兄弟松彬约我吃饭，我想不出吃什么东西，松彬说："哥，我们吃个火锅吧！"我说："行啊！"因此，松彬就在他们开的一家叫"山屿海"的港式海鲜火锅店里面准备了一桌海鲜、蔬菜。我到店入座看到绿油油的青菜，还有鲜活的海鲜时，突然间感觉精神好了起来。特别是看到火锅汤底不断地沸腾升起缕缕轻雾时，更让我一扫阴湿闷热的心情。随着食物在清汤中翻滚，我的思绪又回到了《玩味上海》上。

我仔细一想，这本书里没写过关于火锅的事。因原来我想，火锅不外乎就是找点好食材,没有太多技术含量,不写也罢。但今天我突然改变了想法,还是要写写上海火锅的，因为它特别适合黄梅天的湿闷和冬春交界的湿冷天气。人在这种状态下有一锅热气腾腾的食物是能够扫除许多压抑的情绪的，所以今天我就来大略介绍几家有点儿意思的火锅店。

在上海说起火锅不得不提的就是“辉哥火锅”。十几年来，如果你是喜欢吃火锅的人，肯定会知道辉哥火锅的。辉哥火锅店的老板是其创始人洪先生。洪先生老家在潮汕，他早年定居香港，20 世纪 90 年代在上海发展事业。洪先生是我见过的人里面最最好吃之人，他可以为一顿好吃的饭飞半个地球。彼时上海饮食业还相对落后,洪先生又“无吃不欢”,所以他思来想去就自己弄了一个地方吃饭，也懒得找厨师，就到处找些好食材用最简单的方式烫火锅吃。

洪先生好客大方，店里经常高朋满座，不经意间竟无心插柳柳成荫地把火锅事业发展得风生水起。最高峰时,辉哥火锅在上海及周边有上百家店,而且能把火锅做成一个高端餐饮品牌也就是辉哥火锅了。我跟洪先生交流过成功的秘诀，他和我说："其实没有什么秘诀可言，就是实实在在地采购一些好东西，把每次的采购都当成是自己要吃的就可以了。我要做到的是，你可以说我贵，但不可以说我的东西不好。"辉哥火锅的成功可以说是"一招鲜，吃遍天"了，也因此一般人家问我如果在上海请朋友吃火锅上哪儿去，我会和他们说不嫌贵就去辉哥火锅好了。

说到火锅还有一个不得不重点提到的就是近年的火锅新贵——潮汕牛肉火锅。在过去，清汤牛肉火锅主要是在潮汕本土，近年来以"八合里海记"为代表的牛肉火锅异军突起，在全国遍地开花，但在上海却有一家牛肉火锅品牌静悄悄地做到一家独大，那就是"左庭右院"。左庭右院的经营模式有别于海记以及潮汕地区的牛肉火锅。潮汕本土的牛肉火锅还是以相对粗犷、不大讲究格调的方式在经营，左庭右院却植入了更多的文化氛围，特别是对

牛舌

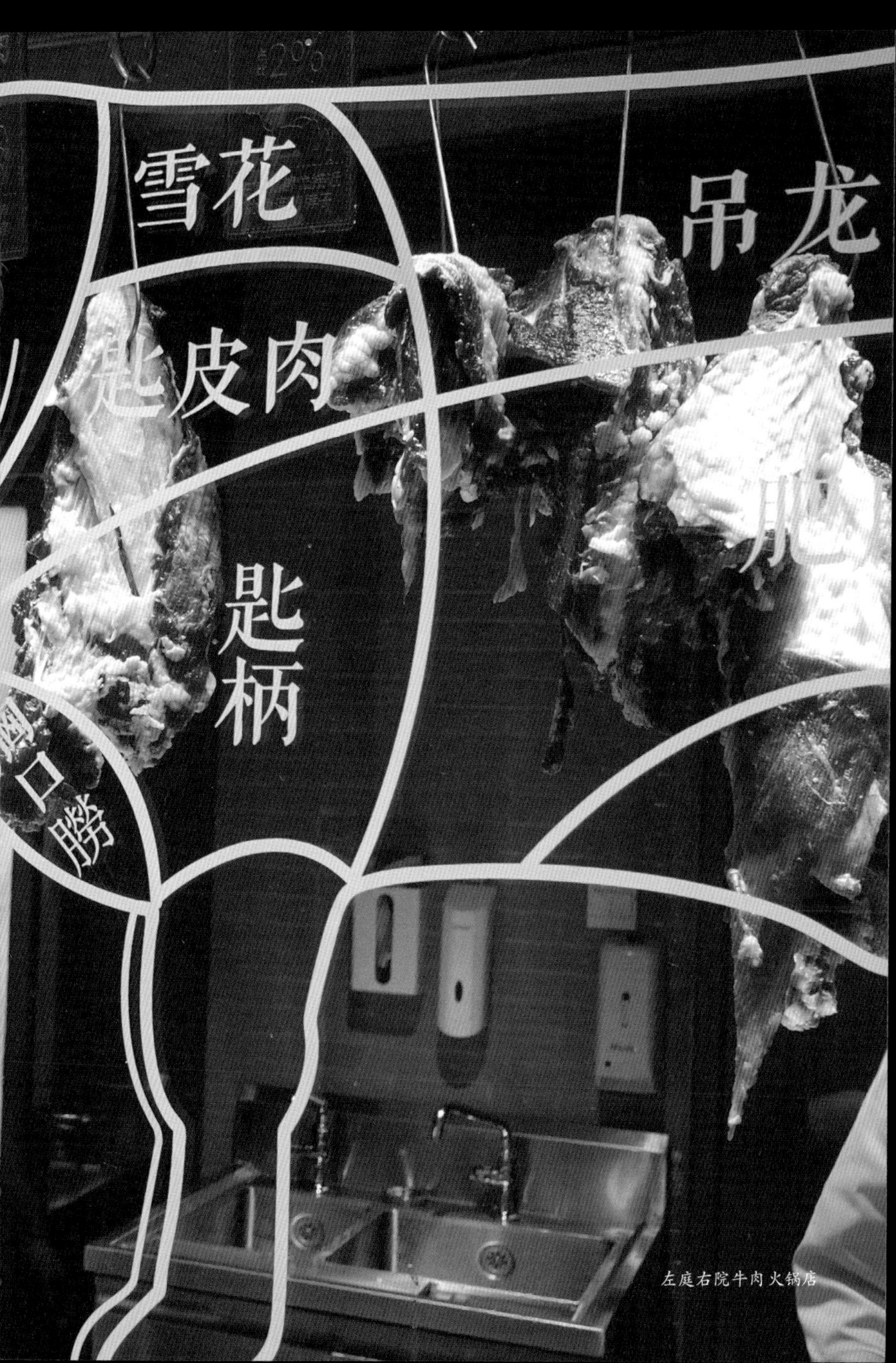

左庭右院牛肉火锅店

于潮汕的元素和牛肉的细分有了更多的思考。因此，在上海想要吃顿牛肉火锅的话，左庭右院是个不错的选择。

其实吃火锅吃的就是食材的新鲜和原始的味道。街面上的火锅何其多，真要介绍也介绍不过来。有时自己在家弄一锅自己版本的腌笃鲜也是不错的选择。

我觉得吃哪种火锅并不重要，重要的是我今天终于找出吃火锅的理由了，在闷热潮湿的黄梅天里，弄一锅热气腾腾的火锅，再来几杯六十度的白酒，发了一阵汗，豪气干云地不再去理会黄梅天，就这样吧。

上海的另一魅力——“路”

一个人最重要的路是人生道路，走什么样的路，注定了一个人的成长与结局。一座城市亦然，一座城市有什么样的路便注定了这座城市的内涵和魅力。

马路也是我喜欢上海的一个因素。朋友们经常问我上海哪里可以玩，我会跟他们说“逛马路”。很多人会问我：“马路有什么好逛的？”那我就只能跟他们说，那跟团吧，上海一日游，如去一座城市玩，你连马路都不懂得逛，那你就不要说自己是喜欢玩的人。因为一座城市的马路就像一个人身上的血管脉络一样重要。所有最真实的历史写照，一座城市的文明或者落后的程度都会在马路上真情流露出来。

这座城市有过的惊心动魄、柔情万丈、生离死别、尔虞我诈，有的或已经没有的种种人间滋味，通通会在马路上留下痕迹，所以马路很好玩，要不你随我去看看？

229弄 1–17号
安 福 路

我现在到上海固定住在兴国宾馆，其实喜欢兴国宾馆还有一个原因就是周边的马路。因上海最精华的马路就在兴国宾馆方圆三公里左右。从兴国宾馆出来，正门有华山路，边门有兴国路。沿兴国路前行有湖南路、高邮路、定安路、永嘉路、岳阳路、番禺路、幸福路、法华镇路等。这些路，每一条你如果细细去品味与挖掘，都可以玩味很久。我精力有限，只挑一两条来细说吧！

其中一条路叫南昌路，为什么单提南昌路呢？因一条马路要有韵味、内涵、文气，它需具备几个条件：一、马路不能太宽；二、马路不能太长；三、树木一定要茂盛，两边的树要能交接。这样才能有静气、文气，而南昌路这三个条件都具备。还有最重要的条件是，住过什么人，有什么旧址。在南昌路这短短的几百米间，曾经住过中国各个领域的重要人物。

在科学会堂对面的上海别墅中住过民国时期举足轻重的人。其中，100 弄 2 号是陈独秀旧居，也是上海共产主义小组旧址；100 弄 5 号是陈其美旧居及中华革命党上海总机关部旧址；100 弄 7 号则是杨杏佛旧居；100 弄 8 号是国民党元老叶楚伧旧居。特别是到现在还能不经意让人们心中泛起一些涟漪的马路，也真就是非南昌路莫属了。因民国时期这里曾住过一对爱得忘乎所以，爱得大胆，爱得真情流露而奋不顾身的情爱男女，那就是徐志摩和陆小曼。136 弄 11 号就是他们的旧居。当年为了租这栋三层花园别墅，徐志摩每月花了几十大洋，不过陆小曼最后的人生结局提醒我们，有情、有才、有钱都不可任性。136 弄里面还住过中国戏剧、电影界举足轻重的三个人物——魏鹤龄、应云卫、白杨。当代画坛大师林风眠，其旧居位于科学会堂边上的南昌路 53 号，很不起眼，游客也寥寥无几，倒不如陆小曼故居来得有名气些。但南昌路上的建筑应该还得数科学会堂的知名度最高。在上海，不经意间你随便转入一条马路都能发现一段历史。像湖南路上的湖南别墅，解放初期邓小平、陈毅曾住过；湖南路 8 号内部三楼是著名表演艺术家赵丹的旧居，而当时二楼住的是著名音乐家孟波；湖南路 20 弄 2 号是陈果夫旧居……数不胜数。

不过还有一条不得不说的路，就是永嘉路。这条路有点儿长，它横跨黄浦和徐汇两个区，长度有两公里以上。这条路上的许多石库门里弄，每个地方你不经意间都能发现许多典故与值得称道的历史。这条路虽然比不上南昌路的惊心动魄与爱恨情仇，但它更有文气，更有生活的烟火气。从草根网红“阿大葱油饼”或老盛兴的锅贴，到各种现代化的网红咖啡店，这里应有尽有。但值得细细品味的还是原来住过的那些人或成为历史的那些事。在这条路上曾居住过的人有徐悲鸿、田汉、孔祥熙、宋子文。还有一处需要重点提到的是永嘉路 623 号顾毓琇的故居，顾毓琇虽然没有刚才提到的那几个人出名，但这个顾先生是一个真正的大教育家，他是钱伟长、曹禺等人的老师，当时的国立音乐学院的创始人，曾任国立中央大学校长，是一个学贯中西、博古通今的文理学家。这条路上曾居住过的还有著名的文学翻译家罗玉君。永嘉路 387 号的洋楼里曾住着长盛不衰的红顶商人荣智勋一家。还有一处非常重要的旧址不得不着重说一下，那就是永嘉路 383 号，这里曾经是孔祥熙的旧居，后来变成上海电影译制片厂的办公楼。这楼里有当时全中国最好的录音棚和全中国最优秀的配音团队，在这里译制出了影响一代人的许多大片，如《悲惨世界》《佐罗》《简·爱》《尼罗河上的惨案》等，这些片子都是我们这一代人永远的记忆。这条永嘉路太长了，故事也太多了，永远说不完，留给读者自己慢慢去走吧。

这些路，这些房子，住过的这些人有许多是影响中国近代某个领域的历史人物。你能读懂这些，才能真正明白这座城市的魅力。不过最后和您说句实话，我也不是真正懂历史，我只是找个理由，找个名目让自己多出去走走马路，最主要还是每次到上海，朋友们太过热情，导致我吃得太撑要消化，顺便看看上海的街头巷尾。

林风眠
53
黄浦区文物保护单位
林风眠旧居
Former Residence of Lin Fengmian
南昌路53号
卢湾区人民政府二〇〇九年六月五日公布
黄浦区文化局立

西
南昌路
东
W
Nanchang Rd.
E

Z光00633-0078

关于上海的攻略——A 套餐

很多朋友看我前面写得啰啰唆唆的，写了半天也没有正儿八经地拿出一个吃喝玩乐的攻略来。说实话，我也想让攻略简单明了，说了完事，但是我要凑成一本书不是两张攻略就可以呀。好了，言归正传，我们就开始来说攻略。

首先介绍一下上海吃喝玩乐的 A 套餐，这个 A 套餐叫“有钱任性”。这个套餐只挑好的，不讲性价比。假如您计划到上海住四天三夜，第一天到达上海我建议可以先选择住兴国宾馆，理由就是服务到位、舒服，周边可以逛马路，或可以选择住和平饭店。

第一晚如住在兴国宾馆，可以选择在兴国宾馆的丽宫餐厅订上一餐，算是有上海风味的传统菜，特别是他们家的浓鸡汤，一下子就能打开你所有的味蕾；再来一个八宝葫芦鸭，整个上海老菜的色香味都有啦；又可以感受一下这家专门接待各国政要的国宾馆服务，因有时去一个地方考虑的是舒适度。第一天到达最好就是选择最近的地方用餐，因为吃喝玩乐最重要的是从容，而第一天的行程有许多不确定因素，你不知道会误机还是会堵车。也可以自己订一家比较具有代表性的老上海菜饭店，比如老吉士、福 1015，还有锦江饭店的夜上海或上海老饭店，领略一下浓油赤酱的饱腹感。

第二天一早，可以随意逛逛马路，跟着上海人民吃吃上海的早餐“四大金刚”，或是到富春小馆、东泰祥生煎尝尝。中午可以选择菁禧荟，领略一下上海潮菜的最高私享。菁禧荟既是“米其林”，也是“黑珍珠”三钻餐厅，新店位于黄浦江边上。午餐位置比较好订，还可领略黄浦江胜景。吃完午饭可以到宾馆休息或到马路边上逛逛消食，顺带看看老上海的旧建筑和名人故居。

晚上有重中之重的顶级盛宴，那就是领略一下上海厨界魔术师，也就是

“四十万菜单”的主人，西郊5号孙兆国老师的无国界盛宴，当然餐标你自己定，不需要四十万元。但我建议人均五千元、八千元均可，然后报上我的名字，说不定孙大师一时兴起还会亲自接待你或为你现场表演制作一两道菜，这餐饭我认为是到了上海重中之重的大餐。

第三天早上，我建议饿肚子或在酒店吃些蔬菜，起得早的话可以到城隍庙逛逛，然后中午可以到上海厨界“怪人”卢师傅的福和慧吃一餐素食，因人的肠胃也是需要休息的。第三天晚上有两个地方可以选择。一个就是上海潮府酒家。美食圈有句话，没有吃过上海潮府酒家刘松彬的烧螺，没有吃过他煮的泉水白粥，那你不算真正明白潮菜的根，因烧螺是真正的潮汕名贵风味，食材太贵，收费也贵，但最主要的是真好吃。白粥就是最地道的普通民众主食，一碗白粥可和肠胃、可解宿醉、可安六脏。

以一碗白粥作为上海美食的最后一站，我想可以给肠胃画上一个完美的句号了。然后吃完这一餐，我建议住在世界上人工海拔最低的五星级酒店上海世茂深坑酒店，这个酒店非常有意思，服务也好，距离上海虹桥国际机场也近，A 套餐“有钱任性”完美结束，祝您旅途愉快！

上海攻略 A 套餐美食推荐

西郊 5 号 · Maggie 5

地址：虹古路 669 号（近青溪路西郊宾馆四号门一侧）

电话：021-62957138，021-62957199

营业时间：11:00—21:30

菁禧荟（BFC 外滩金融中心店）

地址：中山东二路 600 号（BFC 外滩金融中心南区商场 4 楼 S401 号）

电话：021-62677177，021-62677877

营业时间：周一至周日 11:00—22:30

丽宫中餐厅

地址：兴国路 78 号兴国宾馆 4 楼（近华山路）

电话：021-62129998-3400

营业时间：周一至周日 11:30—14:00，17:30—22:00

潮府馆（大宁灵石公园店）

地址：广中西路 288 号

电话：021-66315787，021-66315797

营业时间：周一至周日 08:30—21:00

福和慧

地址：愚园路 1037 号（近江苏路）

电话：021-39809188

营业时间：周一至周日 11:30—14:00，17:30—22:30

福 1015

地址：愚园路 1015 号（上海银行旁边）

电话：021-52379778

营业时间：周一至周日 11:00—14:00 ， 17:30—21:30

夜上海

地址：黄陂南路 338 号

电话：021-63112323

营业时间：周一至周日 11:00—14:30 ， 17:00—22:30

上海老饭店（豫园店）

地址：福佑路 242 号（福佑路与丽水路交叉口）

电话：021-63111777-206 ， 021-63552275

营业时间：周一至周日 10:00—22:00

老吉士上海菜（浦东丁香国际店）

地址：丁香路 858 号丁香国际商场东塔 1 层 L1-23

（靠近民生路，商场车库入口近长柳路）

电话：021-62195443

营业时间：周一至周日 10:30—21:30

东泰祥生煎馆（重庆北路店）

地址：重庆北路 188 号（近大沽路）

电话：021-63595808

营业时间：周一至周日 全天

上海攻略A套餐住宿推荐

上海兴国宾馆丽笙精选

地址：兴国路78号（近华山路）

电话：021-62129998

上海和平饭店

地址：南京东路20号（近中山东一路）

电话：021-61386888

上海佘山世茂洲际酒店

地址：辰花路5888号

电话：400-8825398

興國賓館
Radisson
RADISSON BLU PLAZA
XING GUO HOTEL
兴国宾馆主楼
HOTEL MAIN BUILDING
八号楼会议中心
VILLA 8
CONFERENCE CENTRE
1·2·3·5·6·7·9·10·11号楼/
商务楼

宝带弄

%
%
ARABICA
SHANGHAI
ROASTERY

关于上海的攻略——B 套餐

前面谈到了上海吃喝玩乐的 A 套餐那都是任性而为，下面这个 B 套餐罗列了一些首次到上海的朋友可打卡之地。

前面文章里谈到一座城市真正的魅力就是它的马路文化，所以首次到上海一定要把“逛马路”当成是一个重中之重的计划。假如 B 套餐攻略定为四天三夜，那第一天我还是建议住兴国宾馆或这个区域周围一些有历史的老宾馆。

第一天晚上，还是建议吃一餐真正的老上海菜，可以参考 A 套餐里面的上海菜名店或自行搜索一下附近的上海菜老店。

第二天早上，建议去逛逛城隍庙，吃吃小吃。中午建议去吃一下南翔馒头店的小笼包，最好是上楼，不要在楼下排队买外卖。吃完小笼包可以在边上的湖心亭饮一泡下午茶，休息一下，然后逛逛马路。晚上可以选择在附近的名店鹿园，这家店也是近年新上海菜的网红店。或选择在锦江饭店里的一家叫“甬府”的江浙菜，这家店货真价实也是一家味道很正宗的店。

第三天，早餐可以参考 A 套餐里面的攻略，中午可以选择在菁禧荟或遇外滩感受一下上海美食里的新贵。吃完回宾馆休息或逛逛马路找一家咖啡店发发呆。傍晚时分可以到外滩走走，感受昔日十里洋场的华贵。晚上可到成隆行蟹王府感受一下吃蟹的帝王服务。

第四天早上，可到街上继续找点老上海小吃，逸桂禾的阳春面或老弄堂小馄饨。中午建议到孙兆国老师的西郊 5 号餐厅感受一下魔术师的无国界美味。中午一般比较好订位，人均一千元就可以。下午可以去东方明珠或世博会旧址走走看看。晚上建议到潮府酒家吃吃白粥，吃完逛逛南京路买点手信回家。

上海攻略 B 套餐美食推荐

潮府馆（世纪公园店）

地址：花木路 809 号（近海桐路）

电话：021-68377188

营业时间：周一至周日 08:30—21:00

成隆行蟹王府（九江路店）

地址：九江路 216 号（河南中路与九江路交叉路口）

电话：021-63212010

营业时间：周一至周日 11:00—15:00，17:00—22:00

鹿园 MOOSE（陆家嘴中心店）

地址：浦东南路 899 号上海陆家嘴中心 L+Mall9 层

电话：021-58775708，021-58775707

营业时间：周一至周日 11:00—15:00，16:30—21:30

甬府

地址：茂名南路 59 号锦江饭店锦北楼 12 楼（近长乐路）

电话：021-33566777

营业时间：周一至周日 11:00—13:30，17:00—21:00

逸桂禾·传承老上海特色面馆

地址：淮海中路街道吉安路 290 号

电话：021-63338938

营业时间：周一至周日 06:30—20:30

弄堂小馄饨食府

地址：威海路 714 号（近茂名北路）

电话：021-62154718

营业时间：周一至周日 06:30—14:30，15:30—19:00

南翔馒头店

地址：福佑路豫园老街 87 号

电话：021-63554206

营业时间：周五、周六 08:00—21:30；周一至周四、周日 08:00—21:00

湖心亭

地址：豫园路 257 号豫园内（近福佑路）

电话：021-63736950

营业时间：周一至周日 08:30—21:00

上海攻略 B 套餐游玩推荐

城隍庙

地址：方浜中路

电话：021-63284494

营业时间：周一至周日 08:00—16:30

上海城隍庙位于上海市黄浦区方浜中路，“长江三大庙”之一。坐落于上海市最为繁华、最负盛名的豫园景区，是上海地区重要的道教宫观，始建于明代永乐年间，距今已有近六百年的历史。风雨沧桑，朝代更迭，上海城隍庙也历经兴衰。其属南方大式建筑，红墙泥瓦，现在庙内主体建筑由庙前广场、大殿、元辰殿等组成。

城隍，又称城隍神、城隍爷，是中国宗教文化中普遍崇祀的重要神祇之一，由有功于地方民众的名臣、英雄充当，是中国民间和道教信奉守护城池之神。

东方明珠广播电视塔

地址：浦东世纪大道1号（近2号线陆家嘴站）

电话：021-58791888

营业时间：周一至周日 08:30—21:30

世博会中国馆（现名中华艺术馆）

地址：上南路205号（近国展路）

南京路步行街

地址：南京东路（河南中路—西藏中路）

没有咖啡的上海不小资

有很多人问我："标哥，你去上海除了吃饭、逛马路之外，你最想去的地方是哪里？"我说："到了上海没事干的时候，我最喜欢去的地方就是咖啡馆。"在全国，咖啡文化最深厚的就是上海了。当然很多朋友会问："你不是玩茶的吗？怎么也聊咖啡了，不是跟着人家赶时髦吧？"还真不是，除了喝茶我也喝咖啡，因为它们都是饮料，而且咖啡更会给人一种时尚感。因此，在上海时，我喜欢找各种咖啡馆，点上一壶咖啡，坐上一个下午，发发呆，头脑放空。当然在上海的咖啡馆里是可以感受到很多文化气息的。偷偷地告诉你，在上海的咖啡馆里漂亮女孩有很多。说到女孩，我们先来聊一聊跟女性有关的咖啡馆。

有一家叫"千彩书坊"的咖啡馆，就和一个女性有关。有两个女人让上海更有底蕴和名气，那就是张爱玲和陆小曼。其中，我对张爱玲更欣赏一些。这家"千彩书坊"就是以张爱玲为主题的咖啡馆，地址就在常德路的常德公寓。常德公寓也是1942年张爱玲回上海时居住的地方，而且张爱玲一生当中最重要的作品就是在这里完成的，像后来被拍成影视剧的《倾城之恋》《金锁记》，等等。因此，这座建筑应该算是近代中国文学史上很重要的房子了。这家咖啡馆装修很温馨，透着随意不羁的暧昧，有点儿像张爱玲对待爱情的感觉。总之这家咖啡馆处处透着和张爱玲的关系，如果你也假装很文艺就可在这里点上一杯咖啡，感叹一下张爱玲当年的才华横溢和情场的颠沛流离，如此就可以很小资地度过一个“无病呻吟”的下午。

你也可以很直白地找一家好喝又时尚的网红店，比如近年国内咖啡连锁的新贵——“百分号”。原来这家咖啡店开在日本，因为前些年国内有一个超级吃货也就是上海辉哥火锅的老板，去日本寻找美食，偶然喝了一杯“百分号”的咖啡，觉得好喝，所以就软硬兼施地把它签来国内开连锁店。本来是他自己喜欢喝，谁知一下子竟成了国内的咖啡连锁新贵，它的秘诀就是真的好喝。

如果你想怀旧，可以到据说是上海最老的咖啡厅去喝一杯咖啡。据说上海老一辈的人，人生第一杯咖啡都是从它这里开始的，这家咖啡店叫“东海咖啡馆”。这家咖啡馆从 1934 年就有了，最早是犹太人开的，在那个年代它可是真正时髦的代表。不过这家咖啡馆在 2008 年因为种种原因停业，后来择址重开，就在离原来老店不远的地方，滇池路外滩源的一座老建筑底楼。这地方虽是新址，但装修如旧，一切按照原来的格调，壁炉、吊灯、老物件种种，让你一下子仿佛回到了旧时的上海。点上一壶苦咖啡，不管喝得懂喝不懂，总归很文气的样子。

如果你不那么怀旧，也可以去一家以伴随着“70 后”这代人成长起来的一本杂志为主题的咖啡馆，这家咖啡馆就叫“读者咖啡馆”。

想当年从少年到青春躁动期都是离不开这本《读者》的，很多有点儿哲理性的思维都是从《读者》启蒙的。2018 年《读者》杂志在外滩开了这家复合型概念店。咖啡馆满载着那个时代特有的记忆。这栋楼是上海真正的老古董建筑，始建于 1919 年，距今有百年历史了，并且这里距离外滩非常近，在这喝喝咖啡看看落日时分的东方明珠，感叹一下在上海你再有钱也不算什么。

另一家可以待上一整天的咖啡馆，名叫“思南书局”。与其说它是咖啡馆，还不如说它是一个不差钱的书店，里面隐藏着一个咖啡馆，在这个寸土寸金的思南会馆内的 25 号楼能开这么一个书店真的非同一般。在这里你可以点上一壶咖啡，博览群书，据说这儿有近三千种中外历史哲学图书，更特别的是设有一人或两人的读书空间。因此，在这座近百年的老房子里点一壶咖啡，当这壶咖啡喝完时，我估计肚子里面墨水已经多过咖啡了。

差点儿忘记了，还有一家咖啡馆也很值得一提。这家咖啡馆叫“申报馆”，咖啡馆虽然是新的，也没什么历史，但他们很会找主题，因为在上海的

THE
PRESS
CAFE & RESTAURANT
停车行为违法
请立即驶离
电子警察监督
(本路段)

记忆中《申报》是抹不去的，虽然它从新中国成立那一年就已停刊，但它在中国报纸的历史上是值得纪念的。特别是这栋楼，它建于1918年，是新古典主义风格，近代欧式建筑。2015年，申报咖啡馆在这里开业，它的装修风格是以当年申报的元素为主题，也收集了许多老照片，处处透着怀旧的气息。在这里点上一杯咖啡，耳边仿佛传来“卖报、卖报……”的童声，旧上海的刀光剑影也跃然纸上。

先聊到这儿吧，上海现如今的咖啡店何止千万家，只是写得累了，就这样吧。

2020年3月4日，风雨之夜

有历史的咖啡馆

东海咖啡馆（85 年历史的咖啡馆）

地址：滇池路 110 号

电话：021-63333816

营业时间：周一至周日 08:00—21:00

白马咖啡馆

（纯欧式，犹太风，这家有 90 年历史的咖啡馆，完美复刻了老上海生活）

地址：长阳路 67 号

电话：021-65671191

营业时间：周一至周日 10:00—20:00

网红咖啡馆

% Arabica 烘焙工坊（外滩源新店）

地址：圆明园路 169 号协进大楼 1 楼

电话：15300858178

营业时间：周一至周日 09:00—19:00

有意思的咖啡馆

THE PRESS（申报馆店）

地址：汉口路 309 号申报馆 1 楼 A1-03

电话：021-51690777

营业时间：周一至周日 08:00—22:00

读者（读者 · 外滩旗舰店）

地址：九江路 230 号大生大楼 1 楼 103 室

电话：021-63602018，021-63602028

营业时间：周一至周日 10:30—22:00

思南书局

地址：复兴中路 517 号

电话：13917497850

千彩书坊 Eileen Books+——张爱玲主题咖啡馆

地址：常德路 195-3 号常德公寓底商（近南京西路）

电话：021-62499006

营业时间：周一至周日 10:00—22:00

达人推荐

老麦咖啡馆 · The Cottage Bar（武康路店）

地址：武康路 439 号武康大楼底楼 -1

电话：19921449569，13788993886

营业时间：周一至周日 10:00—翌日 03:00

RUMORS COFFEE ROASTERY 鲁马滋咖啡（湖南路店）

地址：湖南路 9 号甲（近上海图书馆）

电话：021-34605708

营业时间：周一至周日 11:00—19:30

O.P.S CAFE

地址：太原路 177 弄 1 号（临近建国西路）

电话：15618060636

营业时间：周一至周日 11:00—18:00

月球咖啡 Retro

地址：茂名北路 75 弄 2-1（近威海路）

电话：17521045166

营业时间：周一至周日 09:30—21:30

按地区划分

静安寺

LAVAZZA 咖啡（晶品旗舰店）

地址：愚园路 8 号晶品购物中心 1 层（近常德路，东北门旁）

电话：021-52666070

营业时间：周一至周日 10:00—18:00

OHA EATERY

地址：安福路 23 号

电话：13621647680

营业时间：周一至周日 11:00—14:00，17:00—23:00

Small Company Coffee

地址：巨鹿路 758 号 1 号楼 1 楼

电话：15900882459

营业时间：周一至周五 10:00—18:00；周六、周日 10:30—18:30

DOE Coffee（铜仁路店）

地址：铜仁路 78 号

电话：021-61808378

营业时间：周一至周日 10:00—19:00

外滩

Nonagon coffee（瑞金大厦店）

地址：茂名南路瑞金大厦辅楼 1 楼

电话：18538019955

营业时间：周一至周日 09:00—19:00

打浦桥（田子坊）

Blacksheep Espresso

地址：建国中路 169-4 号（近瑞金二路）

电话：17701794344

营业时间：周一至周日 08:00—18:00

STAYTION COFFEE & BAKE（日月光店）

地址:徐家汇路618号打浦桥日月光1楼XJH-08商铺（打浦桥站地铁2号口）

电话：021-64458638

营业时间：周一至周日 07:30—22:00

MOCHA 猫咪咖啡（田子坊店）

地址：泰康路248弄20号后门（谢绝12岁以下儿童入内）

电话：021-54249565，16601771207

营业时间：周一至周日 11:00—22:00

淮海路

Tequila Espresso（嘉善路店）

地址：嘉善路89号

电话：18001618845

营业时间：周一至周五 08:00—18:00；周六、周日 09:00—18:00

Café Kitsune

地址：兴业路 123 弄新天地南里 F104-105-204

电话：15721484112

营业时间：周一至周日 11:00—23:00

Miracle Coffee SMUDGE STORE（林俊杰的咖啡店）

地址：长乐路 394 号（新锦江大酒店对面）

电话：15002128631

营业时间：周一至周日 10:00—21:00

Cafe On Air

地址：思南路 30-1 号

电话：18516329872

营业时间：周一至周日 08:00—20:00

南昌路

Metal hands

地址：南昌路 234 号

电话：18601684827

营业时间：周一至周日 08:30—19:30

人民广场

MIKAKU(MINI 店)

地址：云南北路 20 号

电话：13524879350

营业时间：周二至周日 10:00—18:00

中山公园

Akimbo cafe

地址：愚园路 1018 号

电话：021-52661032

营业时间：周一至周日 09:00—18:00

静安区

NANA COFFEE

地址：老沪太路 177-2 号（新梦舞厅巷内 15 米）

电话：13524774954

营业时间：周一、周三至周日 08:00—16:30

“辉哥火锅”老板洪先生开的咖啡店

Manner Coffee（奉贤路店）

地址：奉贤路 300 号

电话：15800466820

营业时间：周一至周五 07:30—19:00；周六至周日 08:30—19:00

Number Coffee

地址：茂名北路 245 弄 18 号楼 1 楼

电话：18724500478，18621982479

营业时间：周一至周五 10:00—21:00；周六至周日 10:00—22:00

黄浦区

铁手咖啡制造局（metalhands2 店）

地址：永嘉路 37 号

电话：18601684827

营业时间：周一至周日 08:00—19:00

音乐学院

HASHTAG#cafe#space#shop

地址：永嘉路 380 号

电话：15601730331

营业时间：周一至周日 10:00—20:00

Café del Volcán

地址：永康路 80 号（近襄阳南路）

电话：15618669291

营业时间：周六至周日 09:00—19:00；周一至周五 08:00—19:00

关于上海的攻略——C 套餐

前面说了两套攻略，都是针对真正为吃而来的人。但是一座城市真正的味道不只是吃的味道，有许多味道是体验出来的，包括简单的衣食住行，最是烟火处才是人间至味。这个攻略 C 套餐才是真正的上海攻略，这个攻略假设时间为五天到七天。

第一天到达上海，我建议在城隍庙附近找一家民宿或青年旅馆（详见后面的推荐内容，有些可以参考）。因城隍庙我认为还是可以流连一天的，在城隍庙基本上可以品尝到各色小吃和遇见老上海的各种名店。吃饱喝足后你要找个跟别人不一样的地方拍照，还可以到边上的“城中村”，那里保持着老上海弄堂的景观，仿佛梦回故乡窄窄的街道。两边有零星的店铺，街道边上晒着各色被单或棉被，有条纹的，有花格的，也有灰色的；不经意间一抬头，满天都是各种衣裤，就连大裤衩也是各式各样的，有大蓝底白条边的，有《红高粱》里面的那种大花裤的，有最现代的摩登型的。然后你再拍些照片，大伙都说“你上海不会白去”。

第二天早上，你可以去吃吃上海的一些名小吃，比如，东泰祥的生煎包、逸桂禾的葱油面或是弄堂小馄饨。吃完早餐先去打打卡，可以去一下东方明珠，特别是要去走走 259 米高的玻璃悬空观光廊，如果你是在恋爱，那么走走可能会有意外惊喜。

下午可以去外滩溜达，看看旧时十里洋场的华贵，特别是华灯初上时，对岸的灯光美景更是值得拍照留念。如果下午逛累了可以到边上的网红咖啡店“百分号”喝杯咖啡，他家的咖啡还真不错。

第三天，可以以马路为主题，以咖啡馆为辅助。这一天建议去南昌路走走，那边有很多名人故居，可以看我前面介绍马路的那一篇，也可以去武康路，那里有各式各样的咖啡馆，可以边逛边喝咖啡、吃甜点。当然上海的马路数不胜数，如果是情侣，那么可以在逛累了后到思南路的梧桐树下来一段海誓山盟，再来一个深情的吻。

第四天，建议以“吃”为主题，毕竟上海是一个美食之都，如果没有来两餐像模像样的美食也说不过去。中午建议吃一餐真正代表上海的本帮菜，可以选择老上海，或老吉士。

下午可以到泰康路上的“田子坊”去走走看看，虽然这种地方千篇一律，但里面还是有着每一个城市的韵味和风情。晚上可以在田子坊随便找一家店吃，吃什么无所谓啦。

第五天可以有两个选择，一个是去朱家角古镇，它是距离上海最近的古镇，而且不要门票，里面也有很多离奇古怪的小食，还有茶馆；另一个就是去 2010 年世博会的中国馆，现如今叫中华艺术宫，并且也是免费参观。想当年世博会时，我要进中国馆，一看排队要五小时，当场吓晕了，现在不仅不用排队，而且可以看到许多大师的画作，所以建议去。

晚上建议到成隆行蟹王府感受一下大闸蟹的文化。吃完逛逛南京路，买些手信回去带给朋友。行程到此结束，本来还想介绍点什么，唉！算了吧，累了，想去哪儿去哪儿，自己决定吧。

上海攻略 C 套餐住宿推荐

外滩

一间森林青年旅舍

空集青年旅舍（上海外滩大世界地铁站店）

全季酒店（外滩九江路店）

全季酒店（上海外滩宁波路店）

城隍庙

桔子精选上海外滩人民路酒店

一间森林酒店（上海城隍庙豫园店）

全季酒店（上海外滩金陵东路店）

兴国宾馆

YUNK 酒店（上海中山公园延安西路店）

上海中山公园和颐至尊酒店

如家精选酒店（上海中山公园延安西路店）

南昌路

康铂酒店（上海淮海路店）

微流青旅（新天地店）

罗宋汤与泡饭
——杂谈上海西餐

聊到上海的吃喝玩乐，有一个不得不聊的就是西餐，因为上海的西餐从历史到多样化来说，在全国应该是绝无仅有的。从二战时期开始，西餐便开始进入中国，首站就是上海。

清朝末年，中国兵力薄弱，被迫打开国门，洋人涌入，在北京、天津、上海等地设立租界，尤其上海的租界是最具规模的，因而洋人来得也多，饮食习惯也就带了进来。其实对于吃的文化我一般不谈什么菜系、中西餐的概念，因为现如今已经是地球村，世界大同。但梳理一下饮食的历史脉络也有好处，食物和味道的变迁是历史的真实写照。比如上海，为什么说它是中国西餐的发源地？你看，外来菜就是我们说的西餐，它能够影响到普通老百姓生活里的，也就是上海这个地方。我相信上海老一辈的人肯定喝过罗宋汤，吃过炸猪排。特别是罗宋汤，它为什么会扎根到老百姓的生活中呢？其实罗宋汤这个“舶来品”，它发源于乌克兰，也是俄国民众最日常的浓菜汤。俄国很寒冷，每家每户门后都有一个火炉，炉子上面永远放着一口锅，锅里放点牛肉或牛骨头汤，然后把吃剩下的菜倒进锅里，加入酸奶或奶油，主要的食材以根茎类蔬菜为主，如红菜头、土豆、椰菜等，终日加温。自家人外出归来或有亲友来访，待对方脱下大衣扫去雪花即捧上一碗罗宋汤，一来可暖身子，二来可保持身体的热量，一举两得，不过食材是各家各户各有不同罢了。

当年俄国十月革命后，白俄罗斯的贵族们有一部分逃到了上海，开起了俄式餐厅，这个时期同时带进来很多国家的西餐馆，但那时候上海人还没把它们称为“西菜”，而是统统叫它们“番菜馆”，到后来才慢慢接受它们是西方来的，就叫“西菜”。

当时上海的上流社会也开始把吃西菜当成是一种时髦，但为什么就只有罗宋汤是最深入百姓家的呢？其实天下人不管他是什么肤色都有共性，一切都是因地制宜的适者生存。因为罗宋汤的食材来自百姓的家常物，所以来到上海竟然发现它跟泡饭有异曲同工之妙。不过那时的交通、信息都不发达，白俄罗斯人带来了饮食习惯却带不来食材，所以只能就地取材，主要食材就变成西红柿了。不过那时牛肉可是稀罕物，普通老百姓就没法放了。还是和做泡饭一样，把吃剩下的肉汤往里一倒，也美味得不得了。不过做着做着，罗宋汤的主人自己也认不出来了，这就是条件决定了历史的变迁。因此，我一直不愿去聊吃的传统，人类的传统就是不能饿死，饿了就吃，有什么吃什么。

孙兆国老师去年就做过一席宴，他说是旧时的番菜。旧时的番菜我没吃过，但我能肯定孙兆国老师做得比他们要好吃，食材更丰富。

但现在如想念旧一下，还是有几家可以去怀旧的老西餐厅的。比如“红房子”西菜馆，它是上海老一辈人心目中最正宗的海派西菜。如罗宋汤、炸猪排，这些都已演变成了真正的海派味道了。有一家“德大西菜社”，看这名字好像是德国餐厅,但这家西菜社据说也是上海老一辈西餐的启蒙地,从怎样持刀叉到怎样第一次喝咖啡因为苦当场吐出来,这些都是“德大”的历史标签,不过“德大”的菲力牛排倒是值得一试,虽然味道上也接近海派了。还有另一家很有名气的老牌西菜馆,那就是“天鹅申阁”。这是一家“老瓶装新酒”的餐厅,牌子是当年上海的天鹅阁,但餐厅是后来重新开的,不过也是以怀旧为主题。

以上几家有历史的海派西菜馆无一例外地都说自己的猪排炸得好,但猪排怎样才算好、才算正宗呢?有人说炸猪排是俄国来的,有人说是德式的,有人说是意大利的,但我认为应该是起源于德国,因我每次去吃德餐吃来吃去都是猪排,不过过去是怎样的已经不重要了。重要的是在这个基础上,上海的西餐现如今却是实实在在地发展成了中国西餐的大全。所以朋友们问我,国内吃西餐比较好的餐厅在哪儿,我会和他说,“上海”。要不您看最有噱头和神秘感的西餐馆叫“紫外线”,主要以法餐为主,最重要的是他们打造的场景很高科技，每道菜都和生长环境连接在一起，所以已经不是过去的西餐概念了。不过这家我没去吃过，订位要提前半年。

上海还有太多的西餐馆，有法国的、西班牙的、意大利的，应有尽有，我再写三天三夜也写不完。还有日料，其实也可以把它归类为西菜吧。日料在上海倒是吃过一家，印象挺好的，叫“橼舍鮨青木”，主厨叫青木，我认为是上海做日料比较讲究的。后面直接附上一些我认为还可以的西餐厅地址，朋友们自己选吧。

上海西餐厅推荐

Ultraviolet by Paul Pairet（别名：紫外线，法国菜）

地址：中山东一路 18 号外滩十八号 6 层

电话：021-61425198

营业时间：周二至周六 19:00—23:30

DA VITTORIO SHANGHAI（意大利菜）

地址：中山东二路 600 号 BFC 外滩金融中心北区 N3 幢 3 楼

电话：021-63302198

营业时间：周二至周日 12:00—14:00，18:00—21:30

L'ATELIER de Joël Robuchon（法国菜）

地址：中山东一路 18 号外滩十八号 3 层

电话：021-60718888

营业时间：周三至周日 17:30—22:00

Le Comptoir de Pierre Gagnaire（法国菜）

地址：建国西路 480 号（建业里）

电话：021-54669928

营业时间：周一至周日 12:00—14:00，18:00—20:30

Maison Lameloise 莱美露滋（上海中心店）（法国菜）

地址：银城中路 501 号上海中心大厦 68 楼

电话：021-68816789

营业时间：周一 18:00—21:00；周二至周日 11:30—13:30，18:00—21:00

Stone Sal 言盐西餐厅（牛排）

地址：东湖路 9 号上海地产大厦裙房 1M 号

电话：021-54651765

营业时间：周一至周日 11:00—21:00

Villa Le Bec 321（法国菜）

地址：新华路 321 号（近定西路）

电话：021-62419100，021-6241-9180

营业时间：周五至周日 12:00—翌日 01:00；周二至周四 18:00—翌日 01:00

上海老牌西餐厅

红房子西菜馆（淮海店）

地址：淮海中路 845 号（近茂名南路）

电话：021-64374902，021-64313293

营业时间：周一至周五 11:00—14:00，17:00—20:30；

周六至周日 11:00—20:30

德大西餐社

地址：南京西路 473 号（近成都北路）

电话：021-63213810

营业时间：周一至周日 07:30—19:00

天鹅申阁西菜社

地址：进贤路 169 号（近茂名南路）

电话：021-51575311

营业时间：周一至周日 11:00—14:00，17:00—21:30

新利查西菜馆（广元路店）

地址：广元路 196 号乙

电话：021-62828618

营业时间：周一至周日 11:00—13:30，17:00—20:00

日料点滴

写《玩味上海》已接近尾声了，但前些日子上海一好友过来，翻看了一下初稿，给我提意见说："怎么没写日料？"我和他说："本来是应该写的，毕竟在国内来说，日料还数上海最好、选择性最多。"

但我真的从内心里不大愿意写。这可能和我个人的看法和理解有关吧。刚好今天乘机去北京，无聊中，就随笔一写，也以之应答好友的意见吧。

说到内心深处不愿意写的原因，这些年看到国内的餐饮圈、美食圈突然地盲目崇日。我认识的一些很有潜力的年轻厨师，还有一些德高望重的业内专家，去了几次日本，吃了几顿怀石料理，一回到国内整个餐厅就变成了不伦不类的日式餐厅。这个现象让我很失望，也深深地感到悲哀。

我们不可否认日本有非常优秀的特性，比如他们做每件事细致、认真，对于食材的追求，这是我们值得借鉴和学习的。但我们国家很多餐饮店的经营还是以社会大众消费为主线，讲究性价比，因此从选材到烹煮手法都是比较粗放型的。这时突然一部分“先走出去”的人，一看到相对讲究和精致的模式，一下子就忘了我们的祖宗。

要论饮食的丰富内涵，中华民族的技艺沉淀，那是世界上没有一个国家可以比拟的。要论审美和艺术的内涵，中国也是世界上最有沉淀的国家。

日本这些年虽然从饮食到设计方面在整个亚洲都是排在前列，但我个人的看法是，这只是阶段性超越而已。去年我去了两次日本之后更加坚定了我的看法。2019 年 1 月，我和上海孙兆国老师、北京董克平老师一行去了趟日本，专门吃各种“米其林”。吃了几天回来在机场聊感受时，我和董老师聊了自己的见解和想法。我认为日本的吃你可以说它是高级的、它的食材是讲究的，但它绝对谈不上高贵和有内涵。我们中餐得益于地大物博、民族特性多样化，造就了我们几千年来沉淀下来的各种对于吃的经验做法。

从烹饪的手法到味型的丰富融合，各种能工巧匠精雕细琢，造就了几千年的“食”文化精髓。虽然有过断层，但是不要忘记，食物本身就是一本无字的历史传记，有时一口食物咬下去就是千年文化，这是磨灭不了的。

这是日本没有的。在日本吃了几天，虽然天天都是顶级大餐，但它们的味型非常单一。主味除了酱油、芥末和味噌汤以外，能呈现的就不多了。这和他们的审美设计是一样的。从园林设计到餐具摆盘，其实中国随便哪段历史都有其天人合一的大家手笔。你看，从四大名园到青花古瓷，哪个都是百看不厌的历史传作。

就比如这些年怀石料理的热度，我敢肯定，它只是阶段性的。人的品位还是要回到一种味道上，刺激、清新、温度、多样化，这是人类对于吃的自然追求，而这几个元素真正能做到的就是中餐。

我啰里啰嗦地说了这么多，并不是说日本料理不好，他们对食材的尊重、还原食物最原始的营养价值，这是他们做得好的地方，也是值得我们学习的地方。我的心结其实和日本无关，还是我们自己的原因。我们现在很多人对自己的文化不自信，包括一些假专家、假文人的推波助澜，导致了近年来的盲目崇日之境况，真心希望我身边的厨师朋友不要陷入这种境况。一定要把精力放在怎样练好刀功上，多多学习中餐各个菜系的精髓，然后再去求变，这才是发展之道。呀！不经意当中说着说着又离题，找不回了，就这样吧。后面我把一些吃过的觉得不错的上海日料列举上，以供各位读者参考。

上海日本菜推荐

橡舍鮨青木

地址：北京东路 99 号益丰外滩源大厦 L108 室

电话：021-62378668

营业时间：10:00—22:00

YAKIHATO 宫田

地址：南京西路 1376 号上海商城东峰 211 室

电话：17521332229

营业时间：周一、周四、周六 18:30—22:00；

周二、周三、周五 12:00—14:00，18:30—22:00

くろぎ Kurogi 黑木

地址：北苏州路188号（宝丽嘉酒店一楼）

电话：021-36030171，13795202388

营业时间：周二至周日 17:30—21:00

鮨直輝（复兴荟店）

地址：盐城路46号2层

电话：021-63120655

营业时间：周一至周六 18:00—23:00

后记

今天是 2020 年 3 月 19 日，阴，有雨。股市大跌中。

从春节到现在,客人甚少,我也没出去,所以闭门写作,想赶着把《玩味上海》这本书完成。但越写越感勉为其难，刚开始写时感觉好像有许多见解和想法，但真正提笔时却又发现我对上海真的知之甚少，很多见解和看法不一定站得住脚，越写越心虚。好在我写的本来就是闲谈的书，既不是什么金科玉律的书，也不是追根溯源的教科书，只是一本对上海有感情的吃喝玩乐笔记，它代表的只是个人的见解和想法。包括对上海本地饮食文化的看法都是个人一厢情愿的理解，想到什么就写什么。

写书对于我来说真的很累。有些人会说，写书怎么会累呢? 因为我既书读得少却又不愿意抄，所以要写出自己的东西，就真的累。还有的心累，虽然力争不抄，但很多知识点或认知也是从平时的书本或各种渠道点滴汇集而来的，有时汇总起来难免有抄袭之嫌，所以在此也重点说明一下，万一哪个段落与哪位老师的大作有相似之处，也请您谅解，这纯属雷同，绝无抄袭之意。所以有了这些自我的限制写着写着就江郎才尽，不知写什么好了。因此，这本书拖得越久越是意兴索然，内心深处就盼望着赶紧写后记。因一般写一本书开始写后记时就证明此书接近尾声了。

今天在忧国忧己的状态下觉得该写后记了。其实前面啰啰唆唆地说了那么多，都说不到正点上，我写后记的目的就是借此感谢一下应该感谢的人。

上海真是我的福地。孙兆国老师对我的厚爱无与伦比；东湖集团的施一斌大哥对我的关怀与厚爱让我倍感温暖；兴国宾馆的黄斌总经理与我一见如故，在餐饮理念上我们相互探讨，对我帮助很大；亦师亦友的丰收蟹庄傅骏老师对我写这本书提供了很大的帮助，我碰到不解的地方就问傅总；我的好兄弟松彬对我不离不弃；很多茶友，很多好兄弟姐妹一直对我热情照顾与关怀，在此我一并谢谢你们。

这本书还是秉承着我一贯写书的原则，书只卖不送，好兄弟好姐妹们多见谅。这本书您可以多支持多买几本，有朋友去上海玩您可以送他一本，拿着这本书去上海起码能知道一些吃喝玩乐的好去处，没事的时候翻翻书或有只言片语能博君一笑，我愿足矣。

后后之记，关于福利

《玩味上海》这本书写了停，停了写，本来后记也写过了，应就此打住，但今天又提笔写点有感而发的东西。前些日子去上海补拍了几张照片，顺便再“骗”了几顿吃喝，《玩味上海》这本书也就完成了。谁知又节外生枝，好兄弟松彬看了书稿问我：“哥，你这就写完了吗？怎么当年写《玩味潮汕》那本书里的一个重要环节没有了？读者的福利呀！还有这本书很重要的意义，那就是通过这本书可以让读者和商家有一个良好的互动与交流。”我说：“是很有意义呀，但我怕增加朋友们的负担和麻烦呀，然后我也不好意思开口。”松彬说：“哥，我觉得还是要有这个环节的，很好玩。你不向商家收取广告费，已经很不错啦。”我说：“那行吧，就大家自愿，也不要太多，有几家就可以了。”谁知道这个消息一传开就不可收拾了。得闲饮茶的老板徐江辉先生说：“那我们也得送一份压得住的，拿这本书到店消费的客人，我们就送一份潮汕的‘卤鹅三拼’。”我和徐总说：“不行不行，太贵重了。”徐总却说：“标哥，不贵重，配不起您这本书。”

接下来这两天真的让我感动得热泪盈眶。上海兴国宾馆的黄斌总经理说：“标哥，我们也送，凡携此书住店的客人送早餐一份。”上海牛肉火锅第一品牌左庭右院的郑坚总经理听闻此事，也说：“我们自家潮汕人肯定也得送，凡持此书到店吃火锅的客人送牛肉丸一份。”在上海经营砂锅粥的家府老板纪洁域总经理说：“我们也得送，持书到店的客人就送一份最代表潮汕人食物的粿吧。”

最让我惊喜和激动，也会让读者激动的一份福利就是来自西郊5号孙兆国老师的福利。孙老师说：“标哥，我店里从来不搞什么商业推广、优惠活动，但你的书不一样，拿你的书来的人都是朋友，只要拿书来店的客人，送我自己最得意的熏鱼一份。”

我一听觉得这本书分量重了起来，我能得到这么多老师兄长的支持，真的感动得不知所措。这几日还不断有朋友想加入赠送福利中来，但书的篇幅实在有限，就不再增加了，把这些好资源留到下本书吧。

今天写这个后后之记，其实是想好好感谢各商家的大气慷慨，也顺便做一点说明，花几十元买一本书跟上面这些福利毫无关系，这些福利其实就是一个额外的惊喜，它只是起到了一个桥梁的作用，让纸质书重现它的一些价值方向，也可以把这本书当成一个和商家互动的纽带。本书哪怕有只言片语博得您一笑，哪怕有那么一点饮食之道的理念能对您有所启发，也就值了。

本书里商家提供的福利，万一哪天因商家的经营模式有了变化不能履行承诺，或因种种不可预测的原因，其中某家商家无法再提供福利，也请您谅解。总之您去这些提供福利的餐厅吃完以后，拿着这本书让商家盖个印记，留个纪念，当成签到的足迹，那也很好玩。

凡购买本书之读者，

可持本书前往以下商家，免费品尝商家承诺之美味。*

* 此福利主要目的是给读者与商家提供互动体验，因此每人只能持书到店体验一次，多次持书或一人持多本书均无效。本书作者拥有本活动的最终解释权。

商家

家府潮汕菜

（大悦城旗舰店）

地址：静安区西藏北路166号大悦城南区7楼

联系方式：021-66051396

朋友：

美食美味是我们的共同的爱好与追求，

《玩味上海》为我们搭建了品味上海美食的平台，

欢迎带着《玩味上海》的您光临本店，

我们将为您免费奉上 红桃粿拼鼠壳粿1份

您的满意是我们的心愿！

2020年7月28　　纪洁域

日期　　店主签章

商家

上海兴国宾馆

地址：上海市长宁区兴国路78号

联系方式：021－62129998

朋友：

美食美味是我们的共同的爱好与追求，

《玩味上海》为我们搭建了品味上海美食的平台，

欢迎带着《玩味上海》的您光临本店，

我们将为您免费奉上 住店客专属礼遇

自助早餐一份

您的满意是我们的心愿！

2020.7

日期

承诺书

Letter of Commitment

商家

地址：李园街春门店

联系方式：

朋友：

美食美味是我们的共同的爱好与追求，

《玩味上海》为我们搭建了品味上海美食的平台，

欢迎带着《玩味上海》的您光临本店，

我们将为您免费奉上

牛肉丸一份

您的满意是我们的心愿！

日期

主签章

承诺书

Letter of Commitment

商家

地址：旗下各分店均可使用

联系方式：13818989328

朋友：

美食美味是我们的共同的爱好与追求，

《玩味上海》为我们搭建了品味上海美食的平台，

欢迎带着《玩味上海》的您光临本店，

我们将为您免费奉上 招牌鸽肉饭 壹份

您的满意是我们的心愿！

2020年9月9日

日期

2020.9.9

签名（签章）

商家

得闲饮茶

（唐镇阳光天地店）

地址：上海市浦东新区高科东路777弄阳光天地

联系方式：13701874313

朋友：

美食美味是我们的共同的爱好与追求，

《玩味上海》为我们搭建了品味上海美食的平台，

欢迎带着《玩味上海》的您光临本店，

我们将为您免费奉上 [illegible]鹅三拼

（价值69元）。

您的满意是我们的心愿！

2020年7月3日

日期

[illegible]

店主签章

承诺书

Letter of Commitment

商家

地址：上海市长宁区虹古路69号

联系方式：021－62957198

朋友：

美食美味是我们的共同的爱好与追求，

《玩味上海》为我们搭建了品味上海美食的平台，

欢迎带着《玩味上海》的您光临本店，

我们将为您免费奉上 招牌熏鱼

一位

您的满意是我们的心愿！

2020年.7.8

日期

签章

图书在版编目(CIP)数据

玩味上海 / 林贞标著 . —上海 : 东华大学出版社 ,
2021.5
ISBN 978-7-5669-1897-0

Ⅰ. ①玩… Ⅱ. ①林… Ⅲ. ①饮食-文化-上海
Ⅳ. ① TS971.202.51

中国版本图书馆 CIP 数据核字 (2021) 第 093569 号

玩味上海

WANWEI SHANGHAI

林贞标 著

责任编辑 / 李 晔

出版发行 / 东华大学出版社有限公司

地址: 上海市延安西路 1882 号 邮编: 200051

电话: 021-62193056

网址: http://dhupress.dhu.edu.cn/

印 刷 / 北京天恒嘉业印刷有限公司

开 本 / 787 毫米 ×1092 毫米 1/32 开

印 张 / 10

字 数 / 256 千字

版 次 / 2021 年 5 月第 1 版 2021 年 5 月第 1 次印刷

ISBN 978-7-5669-1897-0 定价: 65.00 元